AF458189

DE LA

THÉORIE DYNAMIQUE

DE LA CHALEUR

DANS LES SCIENCES BIOLOGIQUES

Imprimerie L. Toinon et Cie, à Saint-Germain.

NOTIONS

D'ANATOMIE ET DE PHYSIOLOGIE

GÉNÉRALES

DE LA

THÉORIE DYNAMIQUE

DE LA CHALEUR

DANS LES SCIENCES BIOLOGIQUES

PAR

Le Docteur ERNEST ONIMUS

PARIS

GERMER BAILLIÈRE, LIBRAIRE ÉDITEUR

RUE DE L'ÉCOLE-DE-MÉDECINE, 17

Londres
Hipp. Baillière, 219, Regent street

New-York
Baillière brothers, 440, Broadway

MADRID C. BAILLY-BAILLIÈRE, PLAZA DEL PRINCIPE ALFONSO, 16

LEIPZIG, JUNG TREUTTEL, QUERSTRASSE

1866

DE LA

THÉORIE DYNAMIQUE DE LA CHALEUR

DANS LES SCIENCES BIOLOGIQUES

La transformation est partout, l'anéantissement nulle part. Dans la nature organisée comme dans le monde physique, dans les corps vivants comme dans ceux qui sont frappés de mort, il y a mouvement perpétuel; le repos absolu n'existe point, tout se transforme, et du sein de la poussière s'élève continuellement une nouvelle vie.

(Étienne Onimus, *Thèse de Strasbourg*, 1827.)

PREMIÈRE PARTIE

I

Nature de la chaleur. — Equivalent mécanique de la chaleur. — Travail externe et travail intérieur. — Importance du travail moléculaire.

§ I. La chaleur est un mode de mouvement de la matière, et de même qu'aucun atome matériel ne peut être détruit, le mouvement que possèdent les atomes ne peut être anéanti. Cependant nous voyons à chaque instant la chaleur apparaître ou disparaître sans que nous trouvions la cause de ces changements dans la production ou dans la déperdition d'une certaine quantité de chaleur. C'est que la chaleur, comme tout mouvement moléculaire, si elle ne peut être anéantie, peut se transformer en d'autres forces. Travail mécanique, combinaisons chimiques, électricité, chaleur, lumière, tous ces modes différents de mouvement se transforment l'un dans l'autre, mais la puissance en circulation reste toujours la même, qu'elle paraisse sous l'une ou sous l'autre forme.

Examinons d'abord le développement de la chaleur par les moyens mécaniques.

Le frottement détermine de la chaleur. Deux morceaux de bois violemment frottés l'un contre l'autre peuvent s'enflammer. Deux morceaux de glace frottés l'un contre l'autre dans un lieu dont la température est au-dessous de 0°, fondent au bout de fort peu de temps. Partout où il y a frottement, il y a chaleur produite, et cette chaleur représente la quantité de force employée pour vaincre la résistance due au frottement.

La percussion développe de la chaleur. En battant à coups redoublés une baguette de fer ou d'acier, on parvient à la faire rougir.

La compression des solides, des liquides et des gaz dégage de la chaleur. Berthollet, Pictet et Biot ont trouvé une élévation de température en comprimant des flans d'or, d'argent ou de cuivre. — MM. Colladon et Sturm ont obtenu avec certains liquides, avec l'éther surtout, une élévation de température sous une pression de trente atmosphères. — Le briquet à air prouve le développement de la chaleur par la compression des gaz.

Ajoutons encore que la condensation des gaz à la surface des corps solides est accompagnée, au moment où elle se produit, d'un dégagement de chaleur. Les poudres métalliques impalpables, comme le noir de platine, peuvent faire détoner en s'échauffant un mélange explosif dans lequel on les projette.

§ II. On voit donc que chaque fois qu'un travail mécanique est employé à modifier l'état d'équilibre interne d'un corps, il se développe une quantité de chaleur rigoureusement proportionnelle au travail dépensé.

Inversement, chaque fois que la chaleur est employée à produire un travail mécanique, il disparaît une quantité de chaleur rigoureusement proportionnelle au travail produit. C'est ainsi que la vapeur qui sert à mouvoir le piston d'une machine à vapeur, perd de sa chaleur en faisant ce travail mécanique. M. Hirn a trouvé que la vapeur en faisant marcher une machine de la force de cent six chevaux, perdait à peu près le dixième de la chaleur qu'elle avait reçue de la chaudière. M. Joule fit dégager de l'air comprimé sous une cloche pleine d'eau, le gaz se dilata en produisant un travail mécanique (le déplacement de l'eau) et il y eut en même temps disparition d'une certaine quantité de chaleur.

Entre le travail ainsi produit et la chaleur consommée, il existe *un rapport constant*, c'est ce rapport constant que l'on nomme *équivalent mécanique de la chaleur*. Cet équivalent est égal à quatre cent vingt-quatre kilogrammètres, c'est-à-dire que la chaleur nécessaire pour élever d'un degré centigrade la température d'un kilogramme d'eau équivaut à une force capable d'élever quatre cent vingt-quatre kilogrammes à un mètre de hauteur et réciproquement. « La loi chaleur = effet mécanique est, dit Mayer, indépendante de la nature du fluide élastique qui n'est que l'instrument à l'aide duquel une force est convertie en l'autre. »

Les expériences de MM. Joule, Clausius, Helmholtz, etc., ont mis ce principe hors de doute, et il est aujourd'hui aussi absurde de douter de la transformation de la chaleur en travail mécanique, qu'il serait absurde de douter que pour faire de l'eau, il faut deux volumes d'hydrogène et un volume d'oxygène, ou encore que deux et deux font quatre.

§ III. Ce principe posé, reprenons une quelconque de ces expériences, celle par exemple de la projection d'un corps, et analysons les différents phénomènes qui ont lieu.

En chargeant un fusil avec la même quantité de poudre et en ne mettant de projectile que dans l'un des canons, on trouve après la décharge que le canon où il y avait une balle est moins chaud que celui où il n'y avait que de la poudre. Ce résultat prouve d'abord qu'une partie de la chaleur développée par l'explosion de la poudre a été employée à transmettre un mouvement de totalité à la balle. Si cette balle ainsi animée d'un mouvement plus ou moins rapide *de totalité* ou *mouvement externe,* rencontre un obstacle très-résistant, elle perdra ce mouvement, mais elle-même et la place qu'elle sera venue frapper prendront une température plus élevée.

Voici donc deux états différents de la même force initiale; dans l'un elle apparaît sous forme de *mouvement de totalité* ou *mouvement externe,* dans l'autre, au contraire, elle apparaît sous forme de chaleur comme *mouvement intérieur* ou *mouvement moléculaire.* Dans ce dernier état, le mouvement se répand entre toutes les molécules qui composent le corps, et chacune d'elles entre en vibration ; dans l'autre état, au contraire, toutes les molécules paraissent réduites à une seule représentée par la masse du corps. On pourrait presque dire que le mode de mouvement est le même, mais que dans un cas il se distribue et se divise à toutes les molécules, tandis que dans l'autre cas, il reste à la surface du corps qui à lui seul représente une molécule.

§ IV. Il est probable qu'entre ces deux espèces de mouvement il y a plus qu'une simple transformation, il y a encore, croyons-nous, une très-grande analogie. Cette hypothèse que nous émettons aurait peut-être l'avantage de représenter au moyen de masses plus considérables les mouvements invisibles des molécules.

Quelques exemples feront mieux ressortir notre pensée.

Une bille d'ivoire et une bille de plomb reçoivent le même mouvement initial de translation ; ces billes viennent à rencontrer un obstacle, la bille d'ivoire rebondit, la bille de plomb au contraire tombe près de l'obstacle, mais en prenant une température supérieure à celle qu'elle possédait primitivement. Le mouvement de la bille d'ivoire ne cesse qu'après un temps assez long, et sa température reste la même. Pourquoi cette différence entre ces deux billes ? C'est que l'une est *élastique,* dit-on, et que l'autre ne l'est point, ce qui n'est somme toute que donner un mot à un fait sans l'expliquer. La théorie dynamique de la chaleur donne au contraire une explication très rationnelle. Pour la bille métallique, le mouvement de totalité est difficile à maintenir, car les molécules qui composent un métal vibrent facilement, et reçoivent immédiatement le mouvement imprimé à la masse entière ; donc le mouvement condensé à l'extérieur, ou *travail externe*, pénètre au moindre choc entre les différentes molécules, et apparaît sous forme de chaleur, c'est-à-dire se transforme en *travail intérieur*. Pour la bille d'ivoire ou tout autre corps élastique, le mouvement moléculaire est presque impossible, et par suite le travail externe ne pouvant se transformer en travail intérieur, le travail externe continue à s'effectuer jusqu'à ce que le mouvement se soit transmis tout entier à l'air ambiant. On pourrait presque se demander si, toutes choses égales d'ailleurs, une bille d'ivoire lancée dans l'espace ne s'élèverait pas plus haut qu'une bille métallique. Cela aurait lieu nécessairement, s'il est vrai que pendant le trajet de ces billes une partie du mouvement de totalité peut déjà se transformer en mouvement moléculaire.

Il est à supposer que le mouvement imprimé à la molécule agit de la même manière que le mouvement de totalité imprimé à la masse entière d'un corps non conducteur, c'est-à-dire que la molécule ne se laisse pas pénétrer par ce mouvement, qui, par rapport à elle, devient alors travail externe.

MM. Joule et Clausius soutiennent en effet que les particules gazeuses, c'est-à-dire les molécules délivrées de l'influence de la cohésion, s'élancent en droite ligne à travers l'espace. « Dans cette hypothèse, dit M. Tyndall, nous avons à nous figurer un corps gazeux comme un corps dont les particules s'élancent en ligne droite à travers l'espace, se heurtant les unes contre les autres comme de petits projectiles et rebondissant contre les parois de l'espace qu'elles occupent [1]. »

---

[1] *La chaleur considérée comme un mode de mouvement*, par John Tyndall, traduit de l'anglais par M. Moigno. Paris, 1864.

Ajoutons de plus que ces atomes gazeux, possédant un mouvement rectiligne, repoussent les atomes doués de mouvement identique et attirent les atomes qui possèdent un mouvement différent.

Les mouvements atomiques, en faisant abstraction de l'influence de la pesanteur, ressemblent donc au mouvement de totalité de masses plus considérables, et nous allons également trouver un mouvement de totalité jouissant des propriétés d'attraction et de répulsion des molécules gazeuses.

Si l'on vient à condenser à la surface d'un corps mauvais conducteur de l'électricité, de l'électricité négative par exemple, ce corps agira tout à fait comme les molécules gazeuses, il repoussera les corps animés de mouvement identique d'électricité, et attirera ceux qui posséderont une électricité différente, c'est-à-dire dans ce cas de l'électricité positive. Voici donc une action comparable à celle qu'exercent les unes sur les autres les particules gazeuses; et peut-être est-il permis de se représenter les mouvements des molécules d'un corps bon conducteur, d'après les mouvements de totalité de corps non conducteurs? Avec les yeux de l'intelligence, on peut ainsi voir et comprendre les mouvements invisibles des atomes [1].

D'ailleurs, de même qu'un corps mauvais conducteur de la chaleur peut seul être élastique, c'est-à-dire conserver à sa surface le mouvement imprimé et ne point le transmettre à toutes ses molécules, de même un corps mauvais conducteur de l'électricité, ou un corps quelconque, mais *isolé*, peut seul condenser

---

[1] Les corps bons conducteurs de la chaleur ou de l'électricité se distinguent des corps mauvais conducteurs par le groupement différent des molécules. Dans ces derniers, le groupement est inégal, embrouillé, les molécules s'unissent sans ordre, sans harmonie ; tandis que cette confusion n'existe pas pour les premiers.

En employant les mots d'électricité négative et d'électricité positive, nous ne voulons point dire par là qu'il y a deux espèces différentes d'électricité; entre ces deux modes d'électricité, il n'y a qu'une différence de tension.

l'électricité à sa surface et être doué de mouvement de totalité d'attraction et de répulsion [1].

§ V. Nous ne pouvons nous étendre plus longtemps sur les différents faits qui découlent en physique de la théorie mécanique de la chaleur ; qu'il nous suffise de constater que des expériences exactes ont prouvé que la lumière, l'électricité, le son peuvent se transformer en chaleur ou naître directement de ce mode de mouvement. Nous ne voulons insister que sur un seul point, que nous retrouverons dans tous les phénomènes de quelque nature qu'ils soient, et qui peut se résumer, selon l'heureuse expression de M. Tyndall, en ces mots : « *Les atomes sont des géants travestis.* »

Le travail externe, quelque considérable qu'il soit ou qu'il nous paraisse, n'est rien à côté du travail moléculaire. 424 kilogrammes soulevés à un mètre de hauteur semblent au premier abord nécessiter une force très-considérable, et l'esprit a de la peine à se figurer que cette force est la même que celle qui élève seulement d'un degré un kilogramme d'eau.

Une barre de fer qui s'allonge de quelques millimètres sous l'influence de la chaleur a besoin d'une quantité de force qui, transformée en travail mécanique, donnerait des milliers et des milliers de kilogrammètres.

De plus, lorsque les molécules entrent en jeu, aucun obstacle ne saurait leur résister ; quelques gouttes d'eau en se solidifiant brisent des vases de fer, font éclater les rochers les plus durs.

---

[1] Il nous semble intéressant de signaler également l'analogie suivante :

Les corps s'attirent, d'après la loi de Newton, en raison directe des masses et en raison inverse du carré des distances.

La même loi ressort des expériences de Coulomb sur la mesure des attractions et des répulsions électriques. En effet :

Les forces attractives qui s'exercent entre deux corps chargés d'électricité différente sont en raison directe de la quantité d'électricité et en raison inverse du carré des distances.

D'après ce rapprochement, en électrisant convenablement des balles de sureau et en tenant compte des dimensions et des distances, on pourrait presque espérer obtenir un système de balles en mouvement représentant le mouvement des corps célestes.

Des cylindres de métal épais d'un centimètre et demi sont incapables de résister à la force décomposante d'une petite batterie galvanique. M. Gassiot a fait éclater plusieurs cylindres de ce genre par le gaz né de la décomposition de l'eau.

L'étude des lois physiques se réduit à l'étude des mouvements de ces molécules. Les propriétés externes des corps n'ont qu'une valeur très-secondaire. Ce sont les propriétés des dernières particules qui dominent tous les phénomènes, et qui seules peuvent donner une idée exacte des puissances qui entrent en jeu. En considérant dans son ensemble la dilatation d'un solide par la chaleur, on se représente difficilement le rapport qui peut exister entre la force immense qui est employée et cet allongement presque imperceptible; mais l'étonnement disparaît lorsqu'on considère ce corps comme composé d'un nombre infini de particules qui se séparent les unes des autres sous l'influence de la chaleur. En chimie, ce sont encore les molécules seules qu'il faut étudier. Les découvertes modernes sont venues prouver combien cette étude est féconde; elles ont montré en même temps que la théorie atomique seule peut rendre compte des actions chimiques entre les différents corps.

Ce qui est vrai pour la physique et la chimie est vrai également pour les sciences biologiques. Ici l'atome prend le nom d'élément anatomique; sa forme devient déterminée et visible. Mais, comme pour la matière inorganique, la constitution, la nature et les propriétés des dernières particules de l'organisme peuvent seules expliquer les différents phénomènes. Comme la physique et la chimie, la médecine autrefois se contentait d'étudier l'ensemble des phénomènes; comme ces sciences elle est arrivée à compléter cette étude par celle des éléments qui composent l'être vivant. Les médecins qui aujourd'hui s'efforcent de nier l'utilité de l'histologie, ressemblent aux physiciens qui soutiendraient que l'étude des actions moléculaires est inutile ; c'est nier justement la seule partie importante, la seule qui puisse faire faire des progrès véritables. Les phénomènes extérieurs ne sont que la résultante des propriétés des infiniment petits; cela est vrai pour toute espèce de matière, qu'elle soit organique ou inorganique [1]. Ce sont donc ces propriétés qu'il est nécessaire de connaître, si l'on veut expliquer d'une manière exacte les faits physiologiques et pathologiques; et, comme le dit M. Robin, connaissant 1° les caractères des éléments anatomiques et leur évolution, 2° la manière dont ils composent les tissus, 3° leurs modes de naissance et les conditions dans lesquelles celle-ci se manifeste, on doit nécessairement juger les mêmes faits tout autrement que ceux qui croient pouvoir s'exempter de ce préliminaire difficile. Combien aussi ces interprétations rapprochées de la nature réelle des phénomènes que dévoile l'observation sont-elles plus satisfaisantes pour l'esprit, et n'élèvent-elles pas plus nos idées que toutes les hypothèses qui ont été proposées.

II

Chaleur dégagée par les combinaisons chimiques. — Sources de la chaleur dégagée dans les combustions. — Lois de Berthollet. — Des effets caloriques produits dans les décompositions. — Application à la physiologie des plantes. — Aperçu général sur la classification des corps au point de vue de la théorie dynamique de la chaleur.

§ I. Toute combinaison chimique est accompagnée de chaleur. Si l'on mélange l'acide sulfurique et l'eau, les deux liquides se combinent et prennent une température très-élevée. — Lorsqu'on verse de l'eau sur de la baryte et de la chaux on obtient une élévation de température suffisante pour enflammer de la poudre.

Quelquefois il ne suffit pas de mettre les deux corps en contact

---

[1] Nous ne voulons point dire que la molécule, l'atome et l'élément anatomique soient identiques; mais de même que les atomes sont les dernières particules qui composent les corps inorganiques, de même les éléments anatomiques « sont les derniers corps de structure auxquels on puisse ramener les tissus. »

pour qu'ils se combinent, il faut apporter une température suffisante en quelque point du mélange. C'est ainsi que le soufre en poudre et de la limaille de cuivre, mélangés ensemble, n'agissent pas l'un sur l'autre à la température ordinaire. Mais si l'on vient à chauffer le mélange, le soufre fond et l'on voit tout à coup la masse devenir incandescente par la chaleur qui se dégage pendant que la combinaison s'effectue. Enfin, la lumière a aussi une action marquée sur certaines combinaisons ; le chlore et l'hydrogène ne se combinent que très-lentement à l'obscurité, tandis qu'à la lumière leur combinaison est si rapide qu'il y a détonation.

Toutes les combinaisons d'un corps avec l'oxygène, c'est-à-dire toutes les combustions, dégagent de la chaleur. Des expériences faites par M. Despretz, par M. Dulong, et surtout par MM. Favre et Silbermann, pour déterminer la quantité de chaleur que dégagent les différents combustibles, on peut déduire les résultats suivants :

A. En comparant les différentes espèces de charbon ou les différents états physiques du soufre, on reconnaît que la chaleur dégagée par la combustion est d'autant plus grande que le corps a une densité plus faible.

B. La chaleur de combustion d'un corps composé n'est pas égale à la somme des quantités de chaleur dégagées par ses éléments, mais toujours moindre. Cependant cette égalité a lieu pour le gaz oléfiant.

C. Les carbures d'hydrogène de la formule $(C^2 H^2)^n$ ont conduit à cette loi : chaque fois que les éléments du carbure $C^2 H^2$ entrent une fois de plus dans les constitutions d'un nouveau carbure, la chaleur de combustion diminue de $37^{cal.}$ 48.

D. Les éthers composés fournissent plus de chaleur que les acides qui leur sont isomères.

E. Les composés qui donnent le plus de chaleur en se formant sont ceux qui ont le plus de stabilité. Par exemple, le chlorure d'argent et l'oxyde d'argent, dont le premier est très-stable et le second très-facile à décomposer, ont des équivalents calorifiques très-différents; pour l'oxyde d'argent cet équivalent est égal à 6 113, et à 38 800 pour le chlorure d'argent, c'est-à-dire près de six fois plus considérable [1] !

Toutes ces lois sont pour ainsi dire la conséquence logique de la théorie dynamique de la chaleur.

Nous avons vu, en effet, qu'un corps soumis à l'action de la chaleur employait une partie de cette chaleur pour effectuer un travail moléculaire ou travail intérieur. Or, le résultat de ce travail moléculaire est d'allonger le corps soumis à la chaleur, c'est-à-dire de séparer les molécules les uns des autres. Donc chaque fois que les molécules s'écartent ou s'éloignent les unes des autres, une partie de la chaleur disparaît et est employée à effectuer ce travail [2]. La réciproque de cette loi est la suivante :

Les molécules, en se rapprochant, restituent sous forme de chaleur la force qui les maintenait écartées.

Donc chaque fois que nous verrons deux corps en présence dégager de la chaleur, nous pourrons affirmer qu'il s'est formé une combinaison dont le résultat a été le rapprochement des molécules mises en présence.

---

[1] *Traité de Physique* de Daguin, tome II, pages 47 et suivantes.

[2] Nous pourrions mentionner ici la différence qui existe au point de vue du groupement moléculaire entre les corps solides, liquides et gazeux; mais ces faits sont trop connus pour y insister. Cependant nous croyons utile de rappeler que si l'eau semble faire exception à la loi générale, c'est-à-dire que si, loin d'occuper un espace plus petit en passant de l'état liquide à l'état solide, elle se dilate notablement, cela tient à des conditions différentes qui ne contredisent en rien la loi générale. En effet, la glace est composée d'une infinité de petits cristaux qui ont la forme d'une étoile à six rayons. Or, au centre de chacune de ces étoiles se trouve une petite tache que l'on serait tenté de croire être une bulle d'air. Mais en faisant fondre de la glace dans l'eau chaude, il n'apparaît aucune bulle d'air ; cette tache est un vide. On comprend alors qu'en se fondant, la glace se contracte, car ces vides viennent à disparaître et sont remplis par l'eau provenant de la fusion. Ce fait a une grande valeur; il démontre d'une manière très-frappante les conditions qui peuvent donner lieu à des exceptions; il prouve, en même temps, avec quelle fidélité à elle-même la nature opère, combien elle reste enchaînée à ses propres lois (Voir Tyndall, *loc. cit.*, leçon IV).

C'est pour cela que l'acide sulfurique en se combinant avec l'eau dégage de la chaleur, car il y a contraction des liquides mis en présence; c'est pour la même raison qu'il y a dégagement de la chaleur lorsqu'on mélange de l'alcool et de l'eau.

Si les différentes espèces de charbon (*A*) donnent en formant de l'acide carbonique d'autant plus de chaleur que le corps a une densité plus faible, c'est que pour ces derniers corps les molécules sont plus écartées les unes des autres que celles qui composent un corps de même nature mais de densité plus grande; par conséquent pour faire le même composé CO^2 les molécules auront dans le premier cas une distance plus grande à parcourir et par suite dégageront une plus grande quantité de chaleur. Rappelons-nous en effet, que pour un même corps la distance qui sépare les différentes molécules est d'autant plus grande que la chaleur est plus élevée, et, réciproquement, lorsque les molécules viendront à se rapprocher, la chaleur rendue sera d'autant plus grande que le rapprochement sera plus considérable.

Ces considérations expliquent également les lois (*B*, *C*, *D* et *E*), car la chaleur de combustion d'un composé ne peut être égale à la somme des quantités de chaleur dégagées par ses éléments, par la raison que ce composé, en se formant, a déjà nécessité la contraction moléculaire des éléments mis en présence ; donc une partie de la chaleur a déjà été dégagée primitivement. Il en est de même pour les acides par rapport aux éthers, car la densité entre ces deux corps est très-différente, et de plus, pour les acides, il y a déjà eu un commencement de combustion. — La différence du point d'ébullition entre les acides et les éthers démontre également que l'état moléculaire est moins contracté dans ces derniers.

Les corps les plus stables sont également ceux où les molécules sont le plus rapprochées, il n'est donc pas étonnant qu'en se formant ils dégagent plus de chaleur que les autres (*E*).

La loi (*C*) prouve également que plus une molécule est compliquée, moins la chaleur de combustion est considérable ; ce fait coïncide complétement avec ce que nous venons de dire, et en comparant les dérivés d'un même corps qui sont isomorphes, on trouve également que le point de fusion est d'autant plus élevé que la molécule est plus compliquée [1]. Quelques séries présentent même ce résultat remarquable que les premiers termes sont gazeux, puis à mesure que les éléments entrent plus de fois dans la molécule, les corps deviennent liquides et enfin solides.

§ II. Les lois de Berthollet même trouvent une explication rationnelle dans la théorie dynamique de la chaleur. En effet : « Lorsqu'on fait réagir deux sels, d'après la loi de Berthollet, par l'intermède d'un dissolvant, si, par une double décomposition, il peut se produire un sel nouveau moins soluble que ceux qu'on a mélangés, ce sel se forme. » — Cette loi peut s'énoncer ainsi :

Lorsqu'on fait réagir deux sels par l'intermède d'un dissolvant, si, par une double décomposition, il peut se produire un sel nouveau où les molécules sont plus rapprochées, ce sel se forme.

A l'état solide, en effet, les corps offrent une plus grande densité. Et c'est justement parce qu'il y a formation d'un corps où les molécules se trouvent plus rapprochées, que dans presque toutes les doubles décompositions il y a dégagement de chaleur. Par elles-mêmes, les molécules ont de la tendance à se rapprocher et à se grouper de manière à former des corps plus stables, c'est la conséquence de l'attraction. Donc s'il se fait *à froid* des changements dans l'état moléculaire des corps, ces changements ne peuvent avoir lieu que si les molécules trouvent moyen de se grouper d'une manière plus intime, et plus les molécules pourront se rapprocher plus la réaction sera vive et plus il y aura de chaleur dégagée.

« Lorsque nous cherchons, dit M. Clausius [2], la cause des chan-

---

[1] *Principes de chimie fondée sur les théories modernes*, par Naquet, p. 669, 1865. Savy, éditeur.

[2] *De la nature de la chaleur comparée à la lumière et au son*, par M. Clausius, traduit de l'allemand par M. Feltz. *Revue des cours scientifiques*, 20 janvier 1866.

gements que nous observons autour de nous, nous trouvons presque toujours la chaleur comme véritable principe actif. Sans elle, tous les corps obéiraient à leurs propres forces, et bientôt il se produirait un état d'équilibre qui ferait de la terre une masse sans vie et sans changements. La chaleur s'oppose à l'établissement de cet équilibre. Elle dilate les corps malgré leurs attractions intérieures ; elle sépare les molécules des solides et des fluides ; elle défait même des combinaisons chimiques. Les forces primitivement liées redeviennent actives, forment de nouvelles combinaisons que la chaleur décompose de nouveau, et cette lutte, ce combat éternel de la chaleur et des forces inhérentes aux corps est la cause de toutes les productions, de toutes les modifications que nous voyons dans la nature. »

La seconde loi de Berthollet est la suivante : « Lorsqu'on chauffe ensemble deux sels par voie sèche, si, par une double décomposition, il peut se produire un sel nouveau plus volatil que les sels précédemment mélangés, ce sel se forme. » Cette loi rentre également en partie dans les considérations précédentes, seulement dans ce cas il faut tenir compte de la chaleur que l'on fait agir sur les corps mis en présence. Cette chaleur, en effet, donne aux molécules un mouvement et par suite une action plus considérables; ainsi, des corps liquides qui n'agissent pas les uns sur les autres à froid, agissent à chaud ; dans ce cas, les molécules ne trouvent pas en elles une force suffisante pour vaincre l'état de cohésion, et il est nécessaire de leur apporter sous forme de chaleur une certaine quantité de mouvement.

§ III. Quelques exemples montreront la relation qu'il y a entre les combinaisons chimiques et la constitution moléculaire du composé qui se forme ; et pour faire comprendre la valeur de ces faits que nous empruntons au mémoire de MM. Favre et Silbermann, nous résumerons en quelques mots les considérations précédentes :

Plus les molécules se rapprochent, plus il y a de chaleur dégagée.

La combinaison entre deux corps sera d'autant plus vive que les molécules pourront se rapprocher d'une plus grande quantité.

Un corps en déplacera un autre dans une combinaison déjà formée, s'il peut former avec le second élément une combinaison où les molécules seront plus rapprochées.

En effet, en comparant la quantité de chaleur dégagée par la combinaison des acides sulfurique, azotique et chlorhydrique avec une même base, nous obtenons les chiffres suivants :

1 gr. de potasse dégage avec l'acide sulfurique	342	calories
— — — azotique	230	—
— — — chlorhy.	333	—
1 gr. de soude dégage avec l'acide sulfurique	520	—
— — — azotique	493	—
— — — chlorhy.	493	—
1 gr. d'ammoniaque dégage avec l'acide sulfur.	565	—
— — — azotique	527	—
— — — chlorhy.	520	—
1 gr. de baryte dégage avec l'acide sulfurique	270	—
— — — azotique	202	—
— — — chlorhy.	201	—
1 gr. de magnésie dégage avec l'acide sulfur.	724	—
— — — azotique	642	—
— — — chlorhy.	661	—

On voit d'après ces chiffres que l'acide sulfurique en se combinant avec différentes bases donne le maximum de chaleur, et que l'acide azotique et l'acide chlorhydrique dégagent à peu près la même quantité de chaleur. D'un autre côté, et c'est là ce qui confirme ce que nous avançons, on sait que l'acide sulfurique déplace les acides azotique et chlorhydrique, dans les sels qu'ils forment avec la potasse, la soude, l'ammoniaque, la baryte, la magnésie. De plus, l'acide azotique n'a guère d'action sur les sels formés par l'acide chlorydrique avec ces différentes bases, et réciproquement [1].

Un autre exemple va également nous servir à faire ressortir le rapport qu'il y a entre la chaleur dégagée dans une combinaison et l'action de corps analogues les uns sur les autres. Le chlore chasse le brome et l'iode de leurs combinaisons avec le potassium, le plomb et l'argent [2]; de même, le brome chasse l'iode de ses combinaisons avec ces mêmes métaux. Eh bien, comme pour les acides sulfurique, azotique et chlorhydrique, la quantité de chaleur dégagée par ces différentes combinaisons est d'autant plus grande que le métalloïde est plus énergique. Ainsi, l'équivalent calorifique

Du chlorure de potassium		étant	100 960
Celui du bromure	—	est	90 188
Et celui de l'iodure	—	est	77 268

De même

L'équivalent	calorifique du	chlorure de plomb	est	44 730
—	—	bromure	—	32 802
—	—	iodure.	—	23 208
L'équivalent	calorifique du	chlorure d'argent	est	34 800
—	—	bromure	—	25 618
—	—	iodure.	—	18 651

1 Il y a quelques exceptions à cette action des acides sulfurique, azotique et chlorhydrique ; ainsi les sels d'argent, le sulfate d'argent, par exemple, sont décomposés par l'acide chlorhydrique, mais ici même nous retrouvons une preuve convaincante de l'opinion que nous émettons. En effet,

Le protoxyde d'argent	avec	l'acide sulfurique	dégage	89	calories.
—	—	l'acide azotique	—	53	—
—	—	l'acide chlorhydrique	—	198	—

On voit que, dans ce cas, c'est l'acide chlorhydrique qui donne le maximum de chaleur ; c'est là un exemple frappant qui montre bien l'exactitude de la loi générale que nous avons mentionnée.

2 Nous choisissons ces trois chlorures, parce que les équivalents caloriques des bromures et des iodures correspondants sont également connus.

Nous pourrions encore citer d'autres exemples, mais ceux-ci sont assez marquants pour que nous croyions inutile d'insister plus longtemps sur ces faits ; nous ajouterons seulement qu'il est indispensable de comparer entre eux des corps ayant beaucoup d'analogie, car des différences de composition introduisent dans ces recherches des éléments nouveaux dont il faut tenir compte et qui compliquent beaucoup la question.

§ IV. En résumé, nous venons de voir que toutes les combinaisons sont accompagnées d'un dégagement de chaleur ; cette loi fait immédiatement supposer qu'il y a autant de chaleur absorbée quand deux corps se séparent, qu'il s'en dégage quand ils se combinent. Cette seconde loi est vraie en général, cependant il y a quelques exceptions, car le protoxyde d'azote et l'eau oxygénée en se décomposant, le soufre en changeant de structure, dégagent de la chaleur.

Quelques-unes de ces exceptions peuvent s'expliquer facilement. Le soufre mou, en se transformant en soufre ordinaire, dégage de la chaleur ; M. Regnault a trouvé que de 98° sa température pouvait s'élever à 110° pendant cette transformation, si elle se fait rapidement. Mais nous savons que pour passer de l'état ordinaire à l'état de soufre mou, une certaine élévation de température est nécessaire. En changeant ainsi de structure le soufre absorbe de la chaleur, il n'y a donc rien d'étonnant qu'il en dégage lorsqu'il reprend sa structure primitive.

De même, l'eau oxygénée produit de la chaleur en se décomposant ; mais ici encore nous ferons remarquer que la molécule d'eau étant une molécule complète, pour la surcharger pour ainsi dire d'un nouvel atome d'oxygène, il faut dépenser une certaine force. L'eau oxygénée est un corps très-instable, car l'oxygène en excès tend sans cesse à se dégager. Ce n'est donc pas là une véritable décomposition, et il n'y a rien d'étonnant que lorsque l'oxygène est mis en liberté, la force qui le maintenait uni à la molécule d'eau apparaisse sous forme de chaleur. Comme pour le soufre mou dégageant de la chaleur en reprenant sa structure ordinaire, ce qu'il y aurait de contraire aux lois générales que nous analysons, c'est que ce dégagement de chaleur n'eût pas lieu.

Reste le protoxyde d'azote. MM. Favre et Silbermann ont constaté que la chaleur dégagée quand du charbon brûle dans le protoxyde d'azote, est plus grande que lorsqu'il brûle dans l'oxygène pur. Ils en conclurent que l'oxygène et l'azote du protoxyde dégagent de la chaleur en se séparant. L'oxyde d'argent donne le même résultat. Nous ferons seulement remarquer que ces deux corps, le protoxyde d'azote et l'oxyde d'argent, sont des corps très-instables, et dont les molécules ne peuvent peut-être s'unir momentanément que sous l'influence de forces énergiques; mais, quoi qu'il en soit, ces deux faits n'ont qu'une valeur secondaire et ne doivent pas faire oublier que les décompositions ont besoin pour se produire de l'action soit de la chaleur, soit de la lumière, soit de l'électricité. Les molécules, en s'unissant, restituent sous forme de chaleur, de lumière ou d'électricité, la force qui les maintenait séparées; et réciproquement, pour être de nouveau séparées les unes des autres, ces molécules absorbent une partie de la force décomposante.

§ V. Cette double action est d'une grande importance au point de vue de la respiration et de la nutrition des plantes et des animaux.

Les plantes fixent le carbone de l'acide carbonique et exhalent l'oxygène ; c'est là une action décomposante au plus haut degré ; or, nous venons de le voir, une décomposition ne peut avoir lieu qu'à la condition qu'une force énergique intervienne. La plante trouve-t-elle en elle-même une force suffisante ? Chacune de ses cellules a-t-elle assez de puissance pour faire cette décomposition? ou bien encore, les phénomènes de développement et de nutrition des cellules végétales se font-ils différemment de ceux des tissus animaux ? A ceux-ci il faut de l'oxygène ; il faut, pour que les échanges moléculaires puissent se faire, une série de combinaisons d'où résulte la chaleur indispensable pour le maintien de la vie. Le contraire aurait-il lieu pour les tissus végétaux et ceux-ci ne pourraient-ils vivre qu'en présence de l'acide carbonique, qui serait pour les végétaux ce que l'oxygène est pour les animaux ?

Quoique les résultats de la respiration ne soient point les mêmes, il n'y a point entre les végétaux et les animaux une différence aussi tranchée. La plante pour se développer a besoin d'oxygène, et il se forme de l'acide carbonique dans le tissu végétal comme dans les tissus animaux. Aussi dans l'obscurité, pendant la nuit, les plantes dégagent de l'acide carbonique, et une partie de cet acide carbonique a été formé dans leurs tissus mêmes. Par elles-mêmes, les plantes absorbent donc de l'oxygène et dégagent de l'acide carbonique.

Mais cet acide carbonique, ainsi que celui puisé directement par les feuilles dans l'atmosphère, est décomposé en oxygène et en carbone par l'action du soleil. Pour qu'une décomposition aussi difficile puisse avoir lieu, il faut l'influence énergique de la chaleur et de la lumière. Les feuilles des végétaux sont des organes réducteurs de l'acide carbonique, mais au moyen d'une force étrangère à elles-mêmes, elles servent comme d'instrument à l'action décomposante de la lumière solaire. En fixant le carbone, élément indispensable aux tissus végétaux, le soleil concourt ainsi à chaque instant au développement des plantes ; plus il y a de lumière et de chaleur, plus la végétation est développée. Exubérante dans les régions tropicales, elle diminue progressivement à mesure qu'on se rapproche de climats plus tempérés, pour s'éteindre tout à fait sous les latitudes les plus froides. Les saisons ont une influence analogue ; toute vie végétale cesse en hiver pour reparaître aux premières chaleurs du printemps. Les plantes sans la lumière solaire deviennent chlorotiques, la nutrition se fait incomplétement, le développement est presque imperceptible, les tissus prennent une mollesse exagérée. Ce ne sont point les principes nutritifs qui manquent, l'air que respirent les plantes peut renfermer les gaz qui leur sont nécessaires dans les proportions les plus convenables, le sol dans lequel elles ont leurs racines peut être aussi fertile que possible ; ce qui leur manque, c'est la puissance d'assimilation.

Cette influence de la chaleur et de la lumière n'est point une simple action stimulante et excitatrice, mais une partie de la puissance solaire est *absorbée*, *convertie* en un autre mode de force ; la chaleur et la lumière solaire *se transforment mathématiquement*, *mécaniquement*, *en vie végétale*. « Dans la formation des végétaux, l'acide carbonique est la matière d'où dérive le carbone de la plante, et le rayon solaire est l'agent qui désunit les atomes, mettant l'oxygène en liberté, et permettant au carbone de se transformer en fibres ligneuses. Laissez les rayons du soleil tomber sur la surface du sable ; le sable est échauffé, et il rayonne finalement au dehors autant de chaleur qu'il en a reçu ; laissez ces mêmes rayons tomber sur une forêt, la quantité de chaleur sera moindre que celle qu'elle a reçue, parce que l'énergie d'une portion des rayons solaires est employée à faire croître les arbres. Sans l'intervention du soleil, la réduction de l'acide carbonique ne peut avoir lieu, et lorsqu'il est intervenu, il a dépensé une quantité de lumière exactement équivalente au travail moléculaire effectué. C'est ainsi que s'élèvent les arbres, c'est ainsi que verdissent les prairies, c'est ainsi que les fleurs s'épanouissent. J'ai ici un écheveau de coton, j'y mets le feu ; il s'enflamme et engendre une quantité déterminée de chaleur ; or, c'est précisément la quantité de chaleur ravie au soleil pour former cet écheveau de coton. Ce n'est là qu'un exemple entre mille autres ; chaque arbre, chaque plante, chaque fleur, croît et fleurit par la grâce et la bonté du soleil [1]. »

Ce ne sont pas, disait Stephenson en voyant s'avancer un convoi à toute vapeur, ces puissantes locomotives qui font marcher ce train, c'est la lumière et la chaleur du soleil condensées dans le charbon depuis des myriades d'années.

---

[1] Tyndall (*loc. cit.*) et Mayer, *Die organische Bewegung*. Voir également Buchner : *Phisiologische Bilder*.

§VI. « Pendant longtemps on a cru les êtres organisés affranchis des lois qui régissent les corps bruts, et dirigés dans les métamorphoses de leur matière constitutive par des lois propres, par des forces spéciales et antagonistes avec celles de la matière minérale. Buffon concevait même les êtres vivants comme formés par une matière organique propre, essentiellement distincte de la matière minérale. « Il existe, disait-il, une matière organique animée, universellement répandue dans toutes les substances animales ou végétales, qui sert également à leur nutrition, à leur développement et à leur reproduction.» — Mais cette distinction n'a pu être maintenue vis-à-vis des résultats de l'analyse chimique ; car celle-ci n'a pas tardé à réduire les minéraux, les végétaux et les animaux aux mêmes corps élémentaires [1]. » Ce qui est vrai pour les parties constituantes des corps, est vrai également pour les mouvements qui ont lieu au sein des corps ; la différence que l'on a établie entre les corps bruts et les êtres organisés, tend sans cesse à disparaître. On a cru que toute loi, par cela seul qu'elle était physique, c'est-à-dire qu'elle apparaissait dans les corps bruts, ne pouvait exister dans la matière organique. On a établi pour celle-ci de nouvelles forces, ou du moins on a donné un nom différent aux mêmes faits et, comme cela arrive très-souvent, on a été persuadé qu'il suffisait de créer un nouveau mot pour contenter l'esprit. Du moment que certaines personnes ont prononcé le nom de force vitale, elles croient avoir tout dit, tout expliqué, et cependant elles n'ont fait qu'invoquer sans profit une sorte de cause occulte, vague, qui n'explique rien et qui n'est qu'un aveu d'ignorance. — On est même allé jusqu'à repousser comme anti-scientifique toute application des lois physiques aux phénomènes biologiques ; et cependant la plupart des lois ne sont ni exclusivement physiques, chimiques ou biologiques : elles sont universelles. La seule différence qui existe, c'est qu'elles se modifient à l'infini selon les circonstances et selon la composition des corps.

---

[1] Berthelot. *Chimie organique fondée sur la synthèse*. Introduction.

Prenons un atome inorganique, pour qu'il se meuve, pour qu'il s'unisse à d'autres atomes, pour qu'il change d'aspect et de propriétés, il lui faut l'action de la chaleur ; prenons une graine quelconque, pour qu'elle se développe, qu'elle se nourrisse, il faut encore l'action de la chaleur. La cause de tout mouvement moléculaire est donc la même, seulement entre son arrivée et son départ elle fait naître des phénomènes multiples et variés, et ce qui distingue les différents corps, c'est que ces phénomènes sont d'autant plus variés que le corps est plus compliqué ou qu'il occupe un degré plus élevé dans l'échelle des êtres.

Considérons un morceau de granit : la chaleur en agissant sur lui arrive sous forme de chaleur et le quitte sous forme de chaleur, mais sans avoir éprouvé aucune modification, aucune transformation. Si au lieu de prendre un morceau de granit nous prenons un autre corps inorganique, un métal par exemple, on aperçoit déjà des transformations qui ont lieu entre l'arrivée et le départ de la même force ; à la chaleur se joignent l'électricité, la lumière, le son. D'un autre côté le granit ne peut conserver le surcroît de mouvement qui lui est communiqué; échauffé, il rayonne en tous sens et immédiatement la chaleur qu'il a reçue, tandis que d'autres corps inorganiques subissent des modifications qui ont pour résultat de maintenir, de conserver une partie de la chaleur reçue. L'électricité développée dans une pile électrique n'est que la mise en liberté de la force amassée depuis longtemps, depuis des siècles, dans les molécules mises tout à coup en présence. Cette différence nous indique la transition qui existe entre les différents corps; les uns subissent l'action de la chaleur sans pouvoir la transformer ni en conserver l'énergie potentielle, les autres au contraire modifient cette force initiale et l'emmagasinent pour ainsi dire. Que demain le soleil cesse de luire, et il pourra encore pendant quelque temps y avoir sur la terre des phénomènes de chaleur, d'électricité, de lumière, car certains corps ont absorbé une partie de la force solaire.

Plus un être est parfait, plus, avons-nous dit, il pourra avec la même source de mouvement offrir de modes différents de cette force, mais plus aussi cette force initiale lui viendra indirectement du soleil. Les végétaux se distinguent des minéraux en ce qu'ils absorbent beaucoup mieux la puissance solaire, et aussi en ce que cette puissance se trouve transformée en un plus grand nombre de modes, et apparaît sous divers états différents. Entre les végétaux, et même entre les éléments d'un même végétal, il y a également des différences assez remarquables : ce sont les parties exposées à la lumière qui sont les plus riches en carbone et en azote, ce sont celles-là également qui possèdent les couleurs les plus vives, les principes les plus actifs, les odeurs les plus pénétrantes.

Enfin les animaux se distinguent des végétaux en ce que la force, source première de toute vie et de tout développement, ne vient plus aussi directement de la puissance solaire. C'est bien toujours la chaleur qui est la cause première et indispensable de la vie animale, mais cette chaleur ne provient qu'en partie des milieux environnants, elle a sa source dans les combinaisons que subissent les corps qui pénètrent dans l'intérieur de l'organisme. L'influence des milieux existe encore il est vrai, mais elle est bien moindre, et tend à disparaître à mesure que l'on s'élève dans la série animale. En même temps que disparaît l'influence des milieux, les animaux possèdent la propriété de transformer la chaleur en un plus grand nombre de forces ; les phénomènes deviennent plus compliqués, la différence entre les diverses modifications plus manifestes, le mode et l'appréciation de la transformation plus difficiles à saisir [1].

§ VII. De toutes les découvertes modernes la théorie dynamique de la chaleur est sans contredit la plus belle et la plus féconde. Ce

---

[1] Nous devrions mentionner également, avant de terminer ce chapitre, l'action des différentes parties du spectre solaire sur la respiration des plantes, et la chaleur que dégagent les plantes dans certaines conditions ; mais ces faits sont suffisamment connus pour que nous croyions inutile d'y insister ; d'ailleurs, ils ne s'écartent en rien des lois générales qui ont été posées, et en sont au contraire une nouvelle confirmation.

n'est point une théorie née d'hypothèses et d'idées *à priori*, elle est née de l'observation, elle est basée sur des faits incontestables; si modeste qu'elle paraisse au premier abord, son influence s'étend sur toutes les sciences, sur tous les phénomènes de quelque nature qu'ils soient. Tout ce que l'imagination de l'homme a inventé jusqu'à ce jour n'est rien à côté du tableau grandiose que nous offre la réalité : « La science moderne devient le plus beau des poëmes » et enthousiasme non-seulement des savants tels que MM. Berthelot, Helmholtz, Tyndall, etc., mais encore des savants d'un autre ordre, MM. Michelet[1] et Renan[2], qui dès les premiers jours ont compris combien cette découverte non-seulement contentait la raison, mais répondait encore à tous les sentiments de l'homme.

Nihil ex nihilo, nihil in nihilum posse reverti, a dit Lucrèce le premier, et il a fallu plusieurs siècles pour que ce principe devienne l'axiome de toute science; tant il est vrai que l'esprit de l'homme peut quelquefois devancer les découvertes, pourvu qu'il repousse comme inutile et dangereuse toute idée métaphysique.

Pour résumer ce que nous avons dit jusqu'ici, il nous est impossible de rendre notre pensée d'une manière aussi juste et aussi saisissante, que cela a été fait par l'illustre physicien auquel nous avons déjà tant emprunté. C'est avec un vrai plaisir que nous citons les paroles suivantes de M. Tyndall, car nous sommes certain que c'est une des pages les plus éloquentes qui aient été écrites.

« La vie végétale est la source médiate ou immédiate de toute vie animale. Dans le corps de l'animal les substances végétales arrivent de nouveau en contact avec leur oxygène bien-aimé et elles brûlent en nous, comme le charbon brûle sur une grille. La chaleur née de cette combustion est la source de toute la puissance des animaux, et les forces mises ici en jeu sont encore les mêmes, quant au genre, que celles qui opèrent dans la nature inorgani-

---

1 *Bible de l'Humanité.*

2 *Revue des Deux-Mondes*, Lettre à M. Berthelot.

que. Dans la plante le ressort est monté, dans l'animal il se détend. Dans la plante les atomes se séparent, dans l'animal ils se combinent de nouveau. Autant il est certain que la force qui met la montre en mouvement dérive de la main qui l'a remontée, autant il est certain que toute puissance terrestre découle du soleil. Sans tenir compte des éruptions des volcans, du flux et du reflux des mers, chaque action mécanique exercée à la surface de la terre, chaque manifestation de puissance, organique et inorganique, vitale ou physique, a son origine dans le soleil. Sa chaleur maintient la mer à l'état liquide et l'atmosphère à l'état gazeux; et toutes les tempêtes qui les agitent l'une et l'autre sont soufflées par sa force mécanique. Il attache aux flancs des montagnes les sources des rivières et des glaciers ; et par conséquent, les cataractes et les avalanches se précipitent avec une énergie qu'elles tiennent immédiatement de lui. Le tonnerre et les éclairs sont à leur tour une transformation de sa puissance ; tout feu qui brûle et toute flamme qui brille dispensent une lumière et une chaleur qui a appartenu originairement au soleil. Dans ces jours, hélas ! force nous est de nous familiariser avec les nouvelles des champs de bataille; or chaque charge de cavalerie, chaque choc entre deux corps d'armée est l'emploi ou l'abus de la force mécanique du soleil. Le soleil vient à nous sous forme de chaleur, il nous quitte sous forme de chaleur ; mais entre son arrivée et son départ il a fait naître les puissances multiples de notre globe ; elles sont toutes des formes spéciales de la puissance solaire, autant de moules dans lesquels celle-ci est entrée temporairement, en allant de sa source vers l'infini..... »

« On ne peut rien ajouter à la nature, on n'en peut rien retrancher : la somme de ses énergies est constante, et tout ce que l'homme peut faire dans la recherche de la vérité physique ou dans ses applications des sciences physiques, c'est de changer de place les parties constituantes d'un tout qui ne varie jamais, et avec l'une d'elles d'en former une autre. La loi de conservation exclut rigoureusement et la création et l'annihilation, la grandeur peut être substituée au nombre et le nombre à la grandeur ; des astéroïdes peuvent s'agglomérer en soleils, des soleils peuvent se résoudre en flores et en faunes ; les flores et les faunes peuvent se dissiper en gaz ; la puissance en circulation est perpétuellement la même. Elle roule en flots d'harmonie à travers les âges, et toutes les énergies de la terre, toutes les manifestations de la vie aussi bien que le déploiement des phénomènes, ne sont que des modulations ou des variations d'une même mélodie céleste [1]. »

Sur le temple de la science, comme autrefois sur le temple de Philaë on peut écrire : « C'est lui (le Soleil) qui a fait tout ce qui est, et rien n'a été fait sans lui jamais ! »

---

[1] Tyndall (*loc. cit.*).

SECONDE PARTIE

I

Application de la théorie dynamique de la chaleur aux mouvements musculaires.

§ I. *Du travail mécanique produit par les animaux.* Le corps des animaux est un foyer de chaleur, et il est aujourd'hui démontré d'une manière exacte, que cette chaleur n'a pas d'autre source que les réactions chimiques qui ont lieu dans l'organisme vivant [1]. D'un autre côté tout animal est doué de mobilité, et possède la propriété de déplacer son propre corps ou d'autres poids extérieurs, c'est-à-dire qu'à chaque instant il fournit un travail mécanique. Or, tout travail mécanique nécessite la disparition d'une certaine quantité de chaleur, et par conséquent la loi de corrélation des forces nous porte à rechercher si la température d'un animal est différente selon qu'il est en repos ou en mouvement. A l'état de repos la chaleur produite par les affinités chimiques est employée à compenser celle qui se perd incessamment par le rayonnement et l'évaporation. A l'état de mouvement, à côté de cette perte, une portion de la chaleur est employée à effectuer le travail mécanique nécessité par ce mouvement. Donc à une même quantité d'actions chimiques produites dans l'organisme, doit répondre un dégagement de chaleur, moindre dans l'état de mouvement que dans l'état de repos.

[1] Voir Gavarret, *De la chaleur produite par les êtres vivants*, 1855.

Avant de rechercher si l'observation confirme ces vues théoriques, nous allons essayer de répondre à la première objection qui se présente à l'esprit lorsqu'on essaye d'appliquer aux animaux le principe de la théorie dynamique de la chaleur. Le mouvement loin de paraître absorbé de la chaleur, c'est-à-dire loin de refroidir les animaux, amène au bout de quelques instants une augmentation considérable de la chaleur. La cause de cet échauffement se trouve dans l'accélération de la circulation et de la respiration; d'où résulte une plus grande quantité d'oxygène mise en présence des éléments constituants de l'organisme. Une partie très-petite de cette chaleur est employée en travail mécanique, la contraction musculaire étant en général peu énergique. De plus, ce n'est pas seulement dans les capillaires qui se rendent au tissu musculaire, que la circulation est plus rapide; cette accélération est la même pour tous les vaisseaux sanguins, et par conséquent dans toutes les parties de l'organisme il y a une combustion plus grande; et, en supposant que tous les muscles se contractent et emploient la chaleur disponible, il arriverait encore que la température serait plus élevée qu'à l'état de repos, car dans d'autres tissus la chaleur produite n'a pas été convertie en travail mécanique. M. Hirn a trouvé qu'en s'élevant en une heure de quatre cent cinquante mètres, il consommait, pendant ce temps, 132 grammes d'oxygène, tandis qu'à l'état de repos, il n'en consomme que 30 grammes. L'échauffement qui accompagne tout exercice corporel ne contredit donc en rien les expériences que nous allons citer à l'appui de la théorie de Mayer [1].

---

[1] Dans un travail (*Essai sur l'équivalent mécanique de la chaleur*. Paris, 1858), M. Ch. Laboulaye admet comme équivalent le chiffre 140, au lieu du chiffre 420 à 430, généralement admis. Il se fonde, en partie, sur ce que l'appareil humain doit être considéré comme un appareil de combustion parfait, et qu'à ce point de vue, la chaleur dégagée, comparée au travail produit, donne un chiffre qui se rapproche de 140. M. Laboulaye, comme nous le verrons plus loin, a raison de considérer le corps humain comme une machine des plus parfaites pour convertir la chaleur en tra-

C'est à Mayer que l'on doit la première application de ces idées à la physiologie générale ; chose curieuse, c'est en faisant une saignée qu'il a été conduit à fonder la loi de corrélation des forces. Il observa que le sang veineux des fiévreux sous les tropiques est plus rouge que sous des latitudes plus septentrionales. C'est de ce fait qu'il est parti pour admettre la transformation de la chaleur en mouvement, et quoique à cet égard nous n'ayons rien pu trouver de positif, il nous paraît impossible de ne pas croire que Mayer expliquait cette différence de coloration du sang, par la plus grande rapidité de ce liquide dans les vaisseaux, rapidité due à la plus grande quantité de chaleur disponible et transformée. C'est précisément là l'opinion que nous cherchons à établir dans le chapitre suivant, où nous essayons d'appliquer aux phénomènes de la circulation la loi de la théorie dynamique de la chaleur.

§ II. *Preuves physiologiques de la transformation en travail mécanique de la chaleur développée par la contraction musculaire.*

Depuis Mayer, les travaux physiologiques faits à ce point de vue sont ceux de M. Béclard, de M. Hirn, de M. Matteucci et plus récemment de M. Heindenhain, professeur à Breslau [1]. Lavoisier avait déjà fait sous ce rapport une expérience très-remarquable et qui rentre parfaitement dans la loi de la transformation de la chaleur en travail mécanique. Analysant la quantité d'oxygène consommé en une heure par un même homme à l'état de repos et à l'état de mouvement, accomplissant un travail nécessaire pour soulever en 15 minutes un poids de 7 kilos 343 à 200 mètres de hauteur, il avait trouvé que dans le premier cas il n'y avait que 24 litres d'oxygène consommé, tandis que dans le second cas il y

vail ; mais il y a, dans l'organisme, de la chaleur absorbée pour une foule de causes autres que le déplacement du corps. D'ailleurs, l'an dernier (*Comptes rendus de l'Académie des sciences*, 1865, t. I, p. 326), MM. Laboulaye et Tresca ont donné le chiffre 433 comme équivalent mécanique de la chaleur.

[1] *Mechanische Leistung, Wærmeentwicklung und Stoffumsatz bei der Muskelthætigkeit*. Leipzig, 1864.

avait 63 litres d'oxygène consommé. Ce dernier chiffre, dit Lavoisier, paraîtra exagéré ; mais il faut se rappeler que pendant la seconde expérience, l'évaporation était beaucoup plus considérable que pendant la première, et qu'il fallait compenser la chaleur perdue par cette voie. Nous pouvons ajouter aujourd'hui que dans la seconde expérience il faut également tenir compte de la quantité de chaleur perdue par le travail mécanique effectué, et qu'il n'y a rien d'étonnant par conséquent que dans ce cas la quantité d'oxygène consommé soit près de trois fois plus considérable.

M. Béclard, en appliquant un thermomètre sur les muscles du bras, a reconnu que la chaleur dégagée pendant la contraction musculaire est diminuée chaque fois que cette contraction effectue un travail extérieur; que cette chaleur au contraire augmente chaque fois que le bras soutient un poids qui tombe en obéissant à l'action de la pesanteur [1]. Dans un article publié l'an dernier [2], M. Paul Dupuy, s'appuyant avant tout sur le principe vital méconnu et sur les saines doctrines compromises, a voulu réfuter les expériences de M. Béclard. M. Dupuy résume ces dernières en quelques mots, mais il nous semble qu'il devrait essayer avant tout de montrer en quoi M. Béclard a pu se tromper. L'erreur est possible dans toute espèce de recherches, souvent même elle contribue à la découverte de la vérité, si les conditions de l'expérimentation sont bien marquées et si l'on peut remonter à la cause qui a fait interpréter faussement les faits.

Or, M. Dupuy n'entre point dans de pareils détails, et il n'apporte qu'une négation de bien peu de valeur aux affirmations de M. Béclard. Nous ajoutons de plus que lorsqu'on contredit des expériences précises, il faut apporter également des expériences précises et qu'il faut éviter de rester dans des généralités qui ne spécifient pas le mode d'expérimentation. M. Dupuy nous dit bien

---

[1] Ce travail, publié dans les Archives de médecine, 1861, est résumé dans la nouvelle édition du *Traité de Physiologie* de M. Béclard.

[2] *Gazette médicale*, 1865, 14 et 21 octobre.

qu'il soulève un poids de 6 kilogrammes, du sol à l'épaule, puis de l'épaule le plus haut possible, où le poids est maintenu à longueur de bras ; que ce poids est ramené à terre pour recommencer une nouvelle ascension, mais il ne dit pas combien de fois il soulève ainsi ce poids, il ne dit pas s'il reste longtemps le bras tendu, s'il se fatigue, etc. — Comment opposer un démenti formel, en s'appuyant sur cette expérience : En maintenant les bras baissés et soutenant un poids de 6 kilogrammes, la température monte de 0,002 et de 0,003. A l'état dynamique la température s'élève de 0,001 en sus. — En quoi consistait cet état dynamique? Combien y a-t-il eu de kilogrammètres produits? Quelle a été l'énergie des contractions? De plus, comme nous le dirons plus loin, à l'état dynamique, si les contractions sont plus énergiques que cela n'est nécessaire pour effectuer le travail, la température s'élève; si la personne n'a pas l'habitude de faire des travaux manuels, la température s'élève également; M. Dupuy ne tient compte d'aucun de ces éléments, et cela est non-seulement utile mais indispensable pour que ses recherches aient quelque valeur.

Les objections de M. Dupuy, si elles pouvaient infirmer en quoi que ce soit les expériences de M. Béclard seraient d'ailleurs complétement contredites par les travaux de M. Hirn, de M. Matteucci et de M. Heidenhain [1].

M. Hirn renferme dans un espace clos un homme qui demeure d'abord en repos pendant un certain temps, et qui exécute ensuite un travail mécanique en élevant sans cesse son propre corps sur la circonférence d'une roue mobile. Il observe dans ces deux cas différents la chaleur dégagée et l'acide carbonique expiré, et le rapport de la première quantité à la seconde a été moindre dans l'état de mouvement que dans l'état de repos. « Supposons, dit

---

[1] M. Carpenter a également cherché à appliquer à la physiologie la théorie mécanique de la chaleur. Nous regrettons de n'avoir pas pu nous procurer les passages de son *Manuel de Physiologie*, dans lesquels il traite cette question.

M. Hirn, qu'un homme du poids de 75 kilos s'élève de 400 mètres par heure. Supposons que pendant cette marche ascensionelle, il consomme par la respiration 100 grammes d'oxygène par heure. S'il était en repos, ces 100 grammes produiraient 5 fois 100 unités de chaleur, soit 500 calories (chaque gramme d'oxygène absorbé produit près de 5 calories.) Mais la mesure directe de la chaleur ne donne que 430 calories ; il nous en manque donc 70 ; c'est ce qu'a coûté le travail de 30000 kilogrammètres produit. Supposons que cet homme descende au contraire de 400 mètres par heure, et absorbe toujours 100 grammes d'oxygène. Au lieu de 500 calories, nous en trouverons cette fois 570 ; c'est ce qu'a *produit* le travail de 30000 kilogrammètres *non dépensé*, mais réellement *recueilli* par l'organisme.

» Tel est, en effet, le résultat général que donne l'expérience ; dès que la personne soumise à l'essai fournit un travail externe positif, on trouve moins que 5 calories par gramme d'oxygène absorbé ; dès qu'elle donne un travail négatif, dès qu'elle descend au lieu de monter, on trouve plus que 5 calories par gramme d'oxygène consommé ; et le plus ou le moins de chaleur totale est toujours en proportionnalité avec la valeur totale du travail fourni ou consommé [1]. »

M. Matteucci, sur une grenouille vivante, coupe le muscle gastrocnémien, en conservant le nerf. Il fixe la partie supérieure de ce muscle à un crochet fixe et la partie inférieure porte un autre petit crochet auquel on peut suspendre des poids. Il peut déterminer quel est le travail mécanique produit par ce muscle après un certain nombre de contractions, et en même temps il emploie pour exciter le muscle un courant électrique excessivement faible et dont il peut mesurer la quantité d'électricité dégagée. Si le travail mécanique produit par la contraction n'était que la transformation de la force électrique employée, il faudrait que ce tra-

---

[1] *Esquisse élémentaire de la théorie mécanique de la chaleur*. Colmar, 1864.

vail mécanique ne soit pas supérieur à la quantité de force vive dégagée par la pile. Or, M. Matteucci a trouvé, au contraire, que *le travail fait par le muscle sous l'irritation électrique, était au moins vingt-sept mille fois plus grand que le travail chimique ou calorifique produit dans la pile dans le même temps.*

Donc, il faut admettre qu'il s'est fait une combustion dans le muscle, et que c'est la transformation de cette combustion qui a pu effectuer le travail. L'expérience, en effet, a victorieusement confirmé ce résultat. Dans deux bocaux égaux, on enferme dans l'un d'eux cinq grenouilles dépouillées et préparées, mais simplement suspendues ; dans l'autre, cinq grenouilles semblables sont aussi suspendues, mais à deux crochets métalliques à l'aide desquels on fait passer le courant électrique qui détermine une série de contractions. Après cinq minutes, on sort les grenouilles des flacons et on verse dans chacun d'eux un volume égal d'eau de chaux. Dans le bocal où les grenouilles sont restées en repos, l'eau ne se trouble que fort légèrement, tandis qu'elle l'est très-fortement dans le flacon où les contractions ont eu lieu. La contraction, ajoute M. Matteucci, a donc développé une combustion plus grande dans les fibres musculaires ; c'est donc la fibre musculaire elle-même qui s'oxyde pendant la contraction, et si on a soin de mesurer l'excès de combustion qui a lieu dans le muscle en activité sur celui du muscle en repos, on trouve que cet excès rend compte approximativement de la quantité de travail produit par le muscle, selon le principe de l'équivalent mécanique de la chaleur.

M. Heidenhain a trouvé qu'en faisant soulever à un muscle gastrocnémien d'une grenouille un poids de 10 grammes, le travail effectué après trois contractions successives (car il faut tenir compte également de la hauteur), était de 0,000114 de kilogrammètres, ce qui équivaut à 0,00000026 de calorie. Pendant ce temps, la température du muscle a augmenté de 0,0035 de degré, ce qui équivaut à 0,00000175 de calorie, nombre près de sept fois plus grand que celui qui représente la quantité de chaleur transformée en travail mécanique. Le même muscle, en soulevant un poids de 300 grammes, produit en trois contractions un travail mécanique de 0,001275 de kilogrammètres, ce qui équivaut à peu près à 0,0000029 de calorie. Dans ce cas, la température du muscle a augmenté de 0, 0070 de degré, ce qui représente 0,0000035 de calorie. Ce chiffre diffère fort peu de celui qui correspond à la quantité de chaleur transformée en travail mécanique.

Les recherches de M. Heidenhain prouvent donc que la contraction musculaire emploie presque toute la chaleur produite, et que, sous ce rapport, l'animal est la machine la plus parfaite pour convertir la chaleur en travail. « Comme machine, a dit M. Dumas, empruntant toute sa force au charbon qu'il brûle, l'homme est une machine trois ou quatre fois plus parfaite que la plus parfaite machine à vapeur. Nos ingénieurs ont donc encore beaucoup à faire, et pourtant ces nombres sont bien de nature à prouver qu'il y a communauté de principes entre la machine vivante et l'autre; car si l'on tient compte des pertes inévitables dans les machines à feu, et si soigneusement évitées dans la machine humaine, *l'identité de principe de leurs forces respectives ressort manifeste et évidente aux yeux.* »

De notre côté, nous avons fait une expérience qui, si elle ne démontre point aussi directement que celles que nous venons de citer la transformation mécanique de la chaleur dans la contraction musculaire, vient confirmer ces dernières et s'ajouter aux autres preuves de ce fait. Partant de ce principe que, toutes choses égales d'ailleurs, chez un homme sain, la fréquence du pouls est proportionnelle à la température, nous avons pensé que puisque la chaleur totale diminue dans le cas de travail externe produit, il devait en être de même de la fréquence du pouls. L'expérience a confirmé cette manière de voir. En effet, nous avons observé que lorsqu'on soulevait un poids à une certaine hauteur, les battements du cœur étaient moins fréquents que lorsqu'on faisait *le même mouvement et les mêmes contractions* sans soulever de poids. Nous avons toujours trouvé, dans ce dernier cas, quatre à dix battements de plus par minute. L'expérience est surtout sensible lorsqu'on la fait chez des individus habitués à soulever des poids. Chez ceux-ci, en effet, le nombre des battements n'augmente guère pendant qu'ils exécutent le travail auquel ils sont accoutumés, tandis que cette augmentation a lieu lorsque les muscles se contractent sans produire de travail externe. Les personnes, au contraire, qui d'ordinaire ne se livrent pas aux travaux manuels, contractent à leur insu d'autres muscles que ceux qui sont nécessaires, et en même temps les contractions sont plus énergiques, d'où une grande production de chaleur, dont une partie seulement est transformée en travail mécanique [1].

Il y a une expérience vulgaire que tout le monde a pu faire. En courant, en montant des escaliers avec rapidité, ce n'est point au moment de la marche mais immédiatement après que la chaleur paraît la plus grande, et que la sueur est la plus abondante. Pendant la marche, l'ascension, une partie de la chaleur se trouve transformée en travail mécanique ; en s'arrêtant, il n'y a plus de travail à effectuer, et toute la chaleur produite par l'organisme apparaît sous forme de chaleur.

Enfin, nous ajouterons une dernière expérience qui rentre en partie dans le sujet que nous traitons. Sur une grenouille vivante nous avons détaché le gastrocnémien, et en faisant contracter ce muscle, nous avons fait soulever un poids de 20 grammes. Appliquant ensuite directement de la glace sur le muscle, au bout de quelque temps ce poids ne pouvait plus être soulevé, ni même d'autres plus faibles. Enlevant la glace et réchauffant le muscle, les contractions musculaires purent de nouveau s'effectuer et soulever des poids. Ces expériences ne sont pas encore assez nombreuses, assez variées, pour que nous puissions en tirer d'autres conclusions que la conclusion générale qui semble en ressortir, à

---

1 Onimus et Viry. *Étude critique des tracés obtenus avec le cardiographe et le sphygmographe* (*Journal de l'Anatomie et de la Physiologie*, de M. Ch. Robin), mars 1866 et tirage à part. Germer-Baillière, éditeur.

savoir que le froid absorbant une partie de la chaleur, celle-ci ne se trouve plus en quantité suffisante pour effectuer un travail mécanique.

§ III. *Influence de la circulation sur la contraction musculaire.* — Cette transformation de la chaleur en travail mécanique a-t-elle lieu de la même manière dans l'organisme humain que dans les moteurs inorganiques? Ici nous touchons à l'une des questions les plus difficiles de la physiologie, car l'identité du principe et des résultats entre l'animal et les machines ordinaires, semble faire croire à l'identité du fonctionnement. Le contraire nous paraît avoir lieu, car la contraction musculaire à l'aide de laquelle la chaleur se trouve transformée en travail mécanique, est un phénomène essentiellement vital et qui n'a pas d'analogue dans les phénomènes physiques. La fibre musculaire se contracte parce que sa propriété inhérente est de se contracter; qu'elle soulève un poids ou qu'elle n'en soulève pas, le phénomène est le même au point de vue physiologique, car, dans les deux cas, le muscle n'a fait que remplir la fonction qui lui est propre. Mais pour remplir cette fonction, il faut que la fibre musculaire se nourrisse, et la nutrition est caractérisée par le *double mouvement continu de combinaison et de décombinaison que présentent, sans se détruire, les éléments anatomiques* (Robin). La nutrition a pour but d'assimiler incessamment les substances qui pénètrent dans les éléments par endosmose, et d'abandonner en même temps, par décombinaison, des principes qui sortent par exosmose. Or, ce renouvellement continu en s'effectuant donne de la chaleur, mais d'un autre côté, pour s'effectuer, ce mouvement a besoin de chaleur. Ce cercle continu existe dans tous les actes vitaux, la graine donne naissance à la plante et la plante à la graine; l'ovule donne naissance à l'animal et l'animal à l'ovule, sans qu'on puisse marquer quel est le point de départ, quelle en est la cause et quel en est l'effet; et de fait, ils sont tous deux à la fois cause et effet.

Dans la machine à vapeur, la chaudière est la source de la chaleur, et les cylindres, les pistons, etc., ne sont que les instruments au moyen desquels la chaleur se convertit en travail mécanique ; ces différentes parties ne changent pas, ne se consument pas. Chez les animaux, cette distinction n'existe pas, c'est-à-dire le sang n'est point l'analogue de la chaudière et la fibre musculaire l'analogue des différentes parties qui constituent la machine ; la fibre musculaire s'oxyde et renouvelle constamment les principes immédiats qu'elle renferme, elle est elle-même son foyer de chaleur. Le résultat du phénomène est le même ; mais la manière de produire ce phénomène est loin d'être identique.

Dans le chapitre IV, où nous considérons la nutrition et les propriétés des éléments anatomiques en général, nous reviendrons sur ce point important que nous venons de signaler. Mais ce que nous avons dit suffit sans doute pour montrer la relation intime qu'il doit y avoir entre l'énergie musculaire et la nutrition des muscles, et en effet, les muscles qui exécutent des mouvements répétés reçoivent, proportionnellement aux autres, des artères plus volumineuses, comme cela a lieu, par exemple, pour le cœur, la langue, le diaphragme [1].

Gratiolet a observé que parmi les animaux à sang chaud, ceux dont les artères sont longues et grêles ont des mouvements très-lents, mais qu'ils peuvent garder longtemps la même attitude, tandis que ceux dont les artères sont grandes et dont le cœur est puissant, ont la faculté de produire des mouvements énergiques et rapides, mais qu'il leur est impossible de garder longtemps la même attitude active. La raison de ces différences est facile à comprendre, car, dans le premier cas, le sang arrive par degrés, la nutrition des fibres musculaires se fait plus lentement, et par conséquent le travail effectué sera moins considérable dans un temps donné, mais il pourra durer plus longtemps ; chez les ani-

---

1 Les artères qui se rendent à l'aile des oiseaux sont remarquables par la grandeur de leur volume, comparé à celui des artères des pattes. Les artères des membres antérieurs chez le lapin sont également proportionnellement plus fortes que celles des membres postérieurs ; car le lapin se sert plus souvent des membres antérieurs que des membres postérieurs.

maux, au contraire, qui ont des artères volumineuses, le sang arrive en grande quantité, la nutrition est active, énergique ; le travail mécanique peut donc être considérable, mais par cela même la contractilité est épuisée promptement et la fibre obligée de se reposer au bout de fort peu de temps.

De tous les animaux ceux qui ont les mouvements les plus rapides et qui fournissent le travail externe le plus considérable, ce sont les oiseaux. Mais aussi, chez eux, la température du corps est des plus élevées, la circulation et la respiration se font avec une puissance extraordinaire, l'organisme tout entier est imprégné d'air afin que la combustion se fasse sur tous les points. Ils sont également le mieux protégés contre les causes de refroidissement ; le duvet qui les couvre est le plus chaud des vêtements. Par contre, de tous les animaux ce sont ceux qui redoutent le plus les froids rigoureux, et l'on a vu un abaissement subit de température les empêcher de se mouvoir ou tout au moins de s'élever dans les airs.

Après les oiseaux, les mammifères sont ceux qui ont la température propre la plus élevée, mais elle varie cependant dans les diverses espèces, et toujours la rapidité et l'énergie des mouvements changent dans le même rapport. Une plus ou moins grande masse musculaire n'implique nullement une contractilité plus puissante, la chaleur développée par l'animal a seule une influence marquée.

Les reptiles sont encore plus éloignés des mammifères, sous le rapport de leur température, que les mammifères ne le sont des oiseaux ; aussi la respiration et la circulation sont-elles plus lentes et beaucoup moins complètes, les mouvements très-limités, l'engourdissement très-prompt.

Certains insectes sont également pourvus d'un système moteur des plus puissants ; aussi ont-ils une température propre, et souvent très-considérable. J. Dawy et Dugès ont observé chez certains insectes un excès considérable sur la température extérieure : ainsi un grillon a offert au premier 22°,5, l'air n'en accusant que 16°,7 ; et le second de ces observateurs a trouvé chez le sphinx du caille-lait une chaleur propre de 37°, par une température atmosphérique de 28° [1].

M. Dufour a récemment montré que le corps des phalènes et des sphinx, celui du *sphinx atropos* en particulier, est pendant le repos de l'animal à une température qui diffère à peine d'un ou deux degrés de celle de l'air ambiant. A l'heure du crépuscule, lorsque cet insecte prend son vol pour aller chercher sa nourriture dans le calice des fleurs, la température de son corps s'élève rapidement, jusqu'à différer quelquefois de près de 10 degrés de celle de l'air [2].

Nous voyons donc que partout, pour l'homme comme pour toute espèce d'animal, il existe entre la chaleur et le travail musculaire une relation intime ; cette rèlation, entrevue de tout temps, trouve aujourd'hui son explication dans une loi fondamentale et universelle, en même temps qu'à son tour elle vient apporter de nouvelles preuves à l'appui de cette loi. C'est ainsi que les sciences s'enchaînent et se complètent l'une par l'autre, et qu'un progrès dans l'une d'elles devient un progrès pour toutes.

Pour résumer ce chapitre, nous dirons avec M. Verdet [3] : « Tout animal, tout être doué de mouvement volontaire se montre à nous non-seulement comme un appareil de combustion, mais comme une machine thermique, chacun de ses mouvements n'est qu'une conversion partielle en travail mécanique de la chaleur fournie par la combustion, comparable à celle qui a lieu dans une machine électro-magnétique. S'il peut à volonté augmenter la somme des forces vives qui à un instant donné existent autour de lui, ce n'est qu'à la condition de diminuer d'une quantité pré-

---

1 Longet, *Traité de Physiologie*, t. I, p. 1098.
2 Hirn (*loc. cit.*), p. 35.
3 *Leçons de chimie et de physique*, 1863 ; *Exposé de la théorie mécanique de la chaleur*, par M. Verdet.

cisément égale la somme des forces vives calorifiques qui tendent à développer les actions chimiques dont ses propres tissus sont le siége. A vrai dire, il n'a qu'un pouvoir de direction sur les forces vives que crée en lui le travail incessant des affinités chimiques, et pour rendre sensible la vraie nature de ce pouvoir, je ne saurais mieux faire que d'emprunter à Mayer la comparaison de l'action de la volonté sur le corps avec l'action du pilote sur le bateau à vapeur qu'il dirige, sans être la cause physique qui le fait marcher. « Les mouvements du bateau à vapeur, dit Mayer, obéissent à la volonté du pilote et du machiniste. Mais l'influence de la volonté, sans laquelle le navire irait en sortant du port se briser sur l'écueil le plus voisin, ne fait que conduire, elle ne meut pas. Pour mouvoir, une force physique est indispensable, celle du charbon qui brûle sous la chaudière. Sans cette force, quelque énergique que soit la volonté de ses conducteurs, le navire demeure immobile, il est mort. »

II

Application de la théorie dynamique de la chaleur à la circulation.

§ I. *De l'action de la chaleur et du froid sur la circulation capillaire d'après la théorie des nerfs vaso-moteurs.*

Nous venons de montrer la relation intime qu'il y a entre la chaleur et les mouvements musculaires; nous avons constaté que plus un animal faisait de chaleur, plus ses mouvements étaient rapides, énergiques et soutenus; que le froid affaiblissait les mouvements et paralysait les muscles lorsqu'il était trop intense. Nous allons chercher maintenant à montrer que cette même relation existe pour les phénomènes de la circulation, c'est-à-dire que plus il y aura de chaleur, plus les mouvements du sang dans les vaisseaux seront rapides. Cette conclusion serait plus facile à prouver, si, dès le début de cette question, nous ne nous trouvions en opposition avec une théorie admise aujourd'hui par presque tous les physiologistes et tous les médecins, nous voulons parler de la théorie des nerfs vaso-moteurs. Si nous nous permettons de critiquer quelques-unes des conclusions de cette théorie, nous tenons à dire tout de suite que c'est la conviction de la loi générale que nous défendons, qui nous force à entreprendre une discussion aussi difficile, et dans laquelle nous sommes obligés de nous éloigner de l'opinion de maîtres illustres. D'ailleurs ce n'est point le principe fondamental de la théorie des nerfs vaso-moteurs, que nous attaquons, ce ne sont que quelques-unes des interprétations, et pour mieux montrer comment celles-ci nous ont paru fausses, nous suivrons dans cette question non pas une exposition méthodique, mais celle qu'a parcourue notre esprit pour arriver aux conclusions que nous soutenons. Nous espérons que ce mode d'exposition aura l'avantage de mieux montrer la valeur de nos objections, leur justesse, comme aussi leurs erreurs, et par conséquent de simplifier la discussion.

Dans la théorie des nerfs vaso-moteurs, le premier fait qui nous ait frappé, est celui-ci : *Le froid détermine la contraction des fibres musculaires qui se trouvent dans les parois des vaisseaux sanguins ; la chaleur paralyse ces mêmes fibres*. Ainsi donc, voici tout juste la proposition contraire de celle que nous avons trouvée : la chaleur est indispensable à la contraction des fibres musculaires, le froid empêche les contractions et paralyse les muscles.

De deux choses l'une, la première de ces propositions est vraie et la seconde fausse, et réciproquement ; ou bien elles sont vraies toutes les deux, et cette différence d'action du froid tient à la différence de composition des tissus. Examinons d'abord cette dernière hypothèse.

Les fibres musculaires qui forment les parois des vaisseaux sanguins sont des fibres lisses, tandis que les fibres musculaires que nous avons considérées jusqu'ici appartiennent aux muscles de la vie animale, et par conséquent sont des fibres striées. Cette différence de structure entraîne quelques différences de propriété.

Les fibres musculaires de la vie de relation se contractent moins brusquement que les fibres musculaires de la vie animale, la contraction ne se produit qu'un certain temps après que l'excitation a eu lieu, et cette contraction persiste encore quelque temps quand l'excitation a cessé. — Voici, il est vrai, une différence, mais au point de vue où nous nous plaçons c'est la seule que nous connaissions, et elle ne prouve en aucune façon que l'excitation dans un cas produise la paralysie, et dans l'autre cas la contraction. Que quelques médicaments agissent sur une espèce de ces fibres et pas sur l'autre, cela est incontestable; mais aucun médicament n'agit d'une manière opposée sur les fibres lisses et sur les fibres striées; et que certains agents, tels que l'électricité par exemple, n'ait point sur chacune de ces fibres la même action, personne je crois n'a soutenu le contraire. La chaleur et le froid à plus forte raison auront une même action, car ce ne sont point là des agents thérapeutiques, la chaleur est partie constituante des mouvements physiologiques; retranchez-la, et vous n'obtiendrez plus de mouvements malgré tous les excitants, et cela est vrai non-seulement pour les fibres musculaires de la vie organique, mais nous le verrons bientôt pour toute espèce d'éléments anatomiques, et nous avons même vu que cela était vrai pour toute espèce d'atomes et de molécules. Il serait étrange que les fibres musculaires lisses fassent exception, et des observations directes prouvent que cela n'est point. La glace paralyse les mouvements du cœur, les mouvements de l'intestin, les mouvements de l'estomac. Des expériences ont été faites par un grand nombre de personnes, nous-même nous en avons répété quelques-unes, et il est impossible de ne pas être frappé de l'action paralysante du froid sur les fibres musculaires de la vie de relation.

Donc le froid ne détermine point la contraction des fibres musculaires qui se trouvent dans les parois des vaisseaux sanguins, et la chaleur ne paralyse point ces fibres [1].

---

[1] Nous n'entendons parler que de l'action continue du froid sur les fibres musculaires et sur le système nerveux ; un froid momentané,

§ II. *De l'action du froid sur la circulation capillaire d'après la théorie dynamique de la chaleur.*

Le froid ralentit la circulation et rend exsangues les parties du corps qui sont soumises à son action. Il y a plus, si on examine la circulation capillaire à l'aide du microscope, on voit les vaisseaux se resserrer si l'on applique un peu de glace sur un tronc artériel; la chaleur produit l'effet inverse, elle amène l'afflux du sang et par suite la dilatation des vaisseaux sanguins.

Voici des expériences positives qui semblent nous donner tort et confirmer l'opinion que le froid détermine la contraction des vaisseaux sanguins ; mais à côté de ces faits nous allons en citer d'autres qui montreront la cause de cette diminution du calibre des artères par l'action du froid.

Les artères se rétrécissent pendant la vie dès qu'elles reçoivent moins de sang qu'auparavant, ou qu'il ne leur en arrive plus du tout. Ainsi, si on laisse mourir un animal d'hémorrhagie en coupant une artère, on voit le calibre de l'artère diminuer à mesure que le sang arrive en moins grande quantité. D'après Spallanzani, la proportion de cette diminution est pour l'aorte d'une poule d'un quart ; suivant Hunter, cette proportion pour l'aorte d'un cheval est d'un dixième et pour l'aorte iliaque d'un quart. Remarquons que cette diminution est proportionnellement d'autant plus considérable que l'artère est moins volumineuse. Chez un animal mort les artères sont également très-rétrécies, et si l'on coupe un membre on voit aussitôt les artères de ce membre diminuées de volume, et leur orifice s'effacer presque complétement.

On en peut conclure que les artères par elles-mêmes tendent à se resserrer, que c'est la pression du sang qui chez un animal vivant maintient leur volume normal, et que plus il y aura de

---

agissant par une impression rapide, est un excitant. Dans ce cas, le froid n'agit que parce qu'il saisit brusquement l'organisme et qu'il perturbe légèrement le fonctionnement des organes. Il y a là deux actions différentes du froid, qu'il est nécessaire de distinguer.

sang, plus elles seront dilatées, que moins il y aura de sang, moins leur calibre sera considérable. D'ailleurs cette action des parois des vaisseaux est indispensable au cours du sang, car c'est cette tendance constante et continue à se resserrer qui chasse le sang qui y est contenu ; la contractilité des artérioles agit de la même façon que l'élasticité des artères plus volumineuses, et même d'une manière plus énergique. La seule différence, c'est que les artérioles et les capillaires n'ont point une action aussi intermittente, et que par la nature même de leurs parois elles se laissent distendre plus facilement, et peuvent également se resserrer d'une quantité plus considérable.

Donc, lorsque sur un animal vivant nous voyons les vaisseaux diminuer de volume, nous sommes en droit d'admettre que cela a lieu parce que la contractilité de ces vaisseaux est excitée, ou bien parce que le sang y arrive en moindre quantité ou n'y arrive plus du tout.

Mais comment ce resserrement peut-il se faire en dehors de la contractilité des fibres musculaires ? D'abord nous ferons remarquer qu'il existe encore, quoique en bien faible quantité, du tissu élastique dans les artérioles. En second lieu, nous savons qu'en coupant en travers un muscle des membres, les deux bouts se séparent immédiatement ; qu'au moment où l'on soustrait un muscle quelconque à l'action du système nerveux, ce muscle revient sur lui-même et se raccourcit d'une quantité notable. Les vaisseaux, dit Bichat, sont maintenus à un certain degré de tension par les fluides qui y circulent, empêchez l'artère de recevoir du sang, elle devient ligament. Incisez la peau, les bords de l'incision se séparent, entraînés par la rétraction des parties cutanées voisines ; arrachez une dent, l'alvéole s'oblitère. « Dans ces cas, c'est la cessation de l'extension naturelle qui détermine la contraction ; dans d'autres c'est la cessation d'une extension contre nature. Une application rendra ceci beaucoup plus sensible. Prenons un organe où se rencontrent toutes les espèces de contractilité, un muscle volontaire, par exemple. Ce muscle entre en action : 1° par l'influence des nerfs qu'il reçoit du cerveau, c'est la contractilité animale; 2° par l'excitation d'un agent chimique ou physique appliqué sur lui, c'est la contractilité organique sensible, l'irritabilité; 3° par l'abord des fluides qui en pénètrent toutes les parties pour y porter la matière de la nutrition, et qui y développent un mouvement d'oscillation partiel dans chaque fibre, dans chaque molécule, mouvement nécessaire à cette fonction, comme dans les glandes il est indispensable à la sécrétion, dans les lymphatiques à l'absorption, etc.; c'est la contractilité organique insensible, la tonicité; 4° par la section transversale de son corps, qui détermine la rétraction des bouts divisés vers leur point d'insertion, c'est la contractilité du tissu, ou la contractilité par défaut d'extension[1]. » Les divisions faites par Bichat sont trop nombreuses peut-être; mais elles répondent aux phénomènes qui dépendent de la contractilité musculaire, et nous avons cité ce passage, afin de montrer que la fibre musculaire tend constamment à se raccourcir, et que, par conséquent, dans les vaisseaux sanguins, le calibre se rétrécit en dehors de toute contraction active. Lorsque le sang n'arrive plus en grande quantité, les artérioles prendront donc d'elles-mêmes un volume plus petit, et pour expliquer ce fait il n'est point nécessaire d'avoir recours à la contraction des fibres musculaires qui entrent dans les parois de ces artérioles. D'ailleurs, des vaisseaux sanguins restent ainsi rétrécis pendant un temps souvent très-long, et il faudrait admettre alors que contrairement à tout ce que l'on connaît des propriétés des fibres musculaires, celles qui entrent dans les parois des vaisseaux sanguins peuvent rester contractées d'une manière permanente. Dans un mémoire lu à la Société de biologie (août 1864), M. Robin explique l'érection par l'action sur la circulation des nerfs vaso-moteurs, mais il ajoute avec raison : « Ici, pas plus qu'ailleurs, les muscles ne sont le siége des contractions uniformes et d'une longue durée, dont on a invoqué l'existence, contradic-

[1] *De la Vie et de la Mort*, p. 102, 1805.

toirement à tout ce que l'on sait de la contractilité. » Et ailleurs : « Les causes de la flaccidité de ces organes sont la réplétion incomplète du réseau capillaire, abandonnant à leurs propres flexibilité et extensibilité les trabécules du tissu et l'enveloppe des organes premiers qu'il forme. »

Ainsi donc nous sommes loin de ne pas considérer le grand sympathique comme nerf vaso-moteur. La célèbre expérience de Claude Bernard est pour ainsi dire complétement hors de cause, seulement nous croyons qu'elle a été trop généralisée, et nous affirmons que si les fibres musculaires qui constituent les parois des vaisseaux ont par leur contraction ou leur dilatation une action réelle sur le cours du sang, celui-ci, à son tour, peut avoir sur le calibre des vaisseaux une influence très-notable et très-fréquente ; en un mot qu'il y a une action réciproque des parois sur les liquides qu'elles renferment, et de ceux-ci sur les parois. Cette action réciproque est la conséquence, d'une part, de l'élasticité et de la contractilité des parois ; d'autre part, de l'influence sur le cours du sang de plusieurs causes indépendantes de l'action des parois. Nous allons citer quelques exemples afin de mieux démontrer ce que nous avançons.

En exerçant sur une partie quelconque de la peau une légère pression, on voit *immédiatement* cette partie devenir blanche, et cette partie blanche a tout à fait la forme de l'objet appliqué ; elle est ronde si l'objet est rond, carrée s'il est carré, etc. Or, si d'un côté on songe à la lenteur de la transmission des excitants aux fibres musculaires lisses, et de plus à la difficulté de faire cette excitation et d'un autre côté à la promptitude de l'effet que nous signalons, et à la faiblesse de l'excitant, il est impossible d'admettre que dans ce cas, les fibres musculaires des capillaires se soient contractées, et que leur contraction ait été assez énergique pour chasser tout le sang renfermé dans les vaisseaux. Il nous paraît plus simple et plus logique d'admettre que la légère pression effectuée sur la peau a empêché le sang de traverser les capillaires de cette partie, et c'est pour cela que la tache blanche a pris la forme de l'objet qui a exercé la pression, car nous ajouterons que les fibres musculaires lisses ont en général des contractions vermiculaires et qui s'étendent de proche en proche. Si la pression a été plus forte, au lieu d'une tache blanche apparaît une ligne rouge. Pour expliquer ce phénomène, M. Marey admet qu'immédiatement après la contraction, les fibres musculaires fatiguées sont momentanément paralysées et se laissent distendre par le sang. Nous pourrions objecter qu'il est assez étonnant qu'après une contraction assez faible et de peu de durée, les fibres musculaires soient épuisées et paralysées, que dans ces circonstances, les fibres musculaires striées ne se paralysent jamais, que pour qu'une fibre musculaire soit paralysée il faut une action assez énergique et suffisamment prolongée, mais afin de mieux montrer combien tous les faits ne rentrent point dans la théorie que défend M. Marey avec tant de talent, nous l'opposons à lui-même.

C'est ainsi que, page 318[1], pour expliquer la contraction vasculaire qui suit le relâchement produit par la chaleur, il dit : « Ne peut-on pas supposer que le tissu contractile des vaisseaux, ayant cessé d'agir pendant un certain temps, a acquis par le repos une force plus grande, force qui se traduit par une contraction plus énergique dès que la cause du relâchement a cessé ? » tandis que, page 322, en citant l'expérience suivante : Si l'on plonge la main dans une cuve à mercure et qu'on l'y tienne pendant quelques minutes, aussitôt qu'on la retire, la main est extrêmement pâle, mais bientôt on la voit rougir et se gonfler d'une manière très-évidente, — M. Marey ajoute : « Il nous semble que l'explication la plus naturelle de ces faits est d'admettre que la contractilité des vaisseaux réduite pendant un certain temps à l'inaction complète, s'est affaiblie temporairement. »

Donc, dans un cas, le repos donne aux contractions musculaires un surcroît de force ; dans l'autre cas, le repos détermine l'affai-

---

1 *Physiologie médicale de la circulation du sang.*

blissement de ces mêmes fibres, et il est à noter que le repos est de même durée. Cette contradiction prouve bien que, dans ces différents phénomènes, il y a autre chose que la seule contractilité des vaisseaux, et c'est là ce que nous cherchons à prouver.

§ III. *De l'action de la chaleur et du froid sur la circulation en général.* — Dans un travail antérieur [1], nous avons déjà cherché à démontrer que la chaleur agit sur le cœur et non sur la circulation périphérique ; qu'elle augmente la force initiale, et par suite la fréquence et l'ampleur du pouls. Nous ajouterons ici que la chaleur nous paraît avoir une action directe sur le sang des capillaires, en lui donnant plus de vitalité, plus de puissance de mouvement autonome. Ce ne sont pas seulement les globules qui, ayant dans les capillaires des mouvements plus rapides, facilitent par cela même l'écoulement de la partie fluide du sang, mais cette partie fluide elle-même acquiert plus de vitalité, car la chaleur est la condition indispensable de toute espèce de mouvement quel qu'il soit. Burdach a observé que les globules du bord d'une goutte de sang étaient immobiles, tandis que ceux du milieu montaient et descendaient avec la même vivacité que dans les capillaires, jusqu'à ce que la goutte se fût refroidie entièrement. Haller avait déjà observé quelque chose de semblable, puisqu'il a vu que les globules du sang agglomérés sur un point se séparaient les uns des autres à l'approche de la flamme d'une bougie. — Suivant Dutrochet, les globules du sang sont mis en vibration par la lumière solaire. — Signalons comme rapprochement que Bauer, Faraday ont constamment vu la chaleur de la main être la cause du mouvement de grumeaux d'albumine [2].

---

[1] *Étude critique des tracés obtenus par le cardiographe et le sphygmographe*, p. 47 et suiv.

[2] Burdach, *Physiologie*, t. IV, p. 375. Poiseuille pensait que le froid augmentait l'adhérence du sérum aux parois des vaisseaux, et que la chaleur diminuait cette adhérence. Dès lors, la couche immobile du sérum, devenant plus ou moins épaisse, rétrécissait plus ou moins la partie perméable aux globules.

Enfin, afin de montrer que, dans certaines conditions, une force motrice propre appartient au sang lui-même, nous citerons la circulation placentaire, car le sang se rend des membranes de l'œuf au cœur de l'embryon avant que les membranes aient reçu du sang venant de l'embryon. On a trouvé des embryons sans cœur et qui, cependant, étaient développés, du moins en partie, d'une manière complète. — Chez les poissons, il existe, entre le cœur et l'aorte, des vaisseaux capillaires et les veines branchiales. — La marche du sang continue pendant quelque temps, même dans les parties mises hors de toute communication avec le corps, ce que l'on peut constater sur tout lambeau détaché du corps d'une grenouille.

Nous croyons donc, avec Burdach, que le sang possède par lui-même une certaine force motrice, indépendante de l'action du cœur, de la contraction des vaisseaux sanguins, et de ce qu'on a appelé la *vis à tergo* ; seulement, au lieu d'admettre, comme Burdach, que ce mouvement dépend d'une action vitale spéciale, nous croyons que la cause en est purement physique et qu'elle dépend de l'action de la chaleur sur les mouvements de toute espèce de liquides, qu'ils soient vivants ou non. Certainement cette puissance de mouvement autonome est très-faible, et s'il est vrai que la chaleur l'augmente, il faut également considérer que la chaleur augmente la force du cœur et la contractilité des vaisseaux, et que le froid diminue ces mêmes actions. Quoi qu'il en soit, il est certain que le froid empêche la circulation du sang, et que la chaleur la favorise ; au microscope on voit manifestement le froid, non-seulement déterminer un resserrement des capillaires, mais le peu de sang qui arrive possède un mouvement très-lent, tandis que ce mouvement est très-rapide lorsqu'on échauffe les parties. Le froid appliqué sur un membre peut, si son action est longtemps prolongée, en déterminer la gangrène ; il empêche l'arrivée du sang et maintient stagnant dans les veines le sang qui s'y trouve. Dira-t-on que le sang ne peut arriver dans les vaisseaux parce que la contraction de ces derniers est tellement énergique qu'elle s'oppose au passage des globules? Mais les artères d'un fort calibre ne sont point complétement rétrécies, et cependant le sang n'y arrive point; et d'un autre côté, comment admettre qu'alors où toutes les parties sont privées de vitalité, que faute de chaleur tout phénomène a cessé, que la nutrition est abolie, que tous les éléments anatomiques s'altèrent ou tout au moins ont perdu leurs propriétés physiologiques, comment admettre, dis-je, que la contraction des fibres musculaires lisses, ce phénomène essentiellement vital, subsiste seul? Le froid, c'est la paralysie, la mort; jamais il n'a favorisé les phénomènes qui dépendent de la vie!

« Dans les autopsies faites sur l'homme, après des cas de congélation, on a trouvé qu'il y avait une véritable stase du sang dans les gros vaisseaux du corps, et que ceux de la peau étaient vides; de là sa pâleur. Guérard ajoute que les cavités droites du cœur et les veines, ainsi que les vaisseaux cérébraux, sont gorgés de sang[1]. »

Le froid arrête donc le cours du sang, comme il arrête toute espèce de mouvement de totalité ou de molécules; il empêche le sang d'arriver en grande quantité au cerveau, d'où la tendance insurmontable au sommeil, la perte de la sensibilité; il l'empêche d'arriver aux muscles, d'où l'engourdissement, la faiblesse. A plus forte raison les parties périphériques, la peau, doivent-elles rester complétement exsangues.

Remarquons qu'il y a des cas où le froid, au lieu de déterminer la pâleur de la peau, en détermine au contraire la rougeur, Cela a lieu lorsque les mouvements nécessitent une circulation rapide; alors le sang arrive jusque dans les capillaires et dans les veines, mais le froid extérieur empêche son retour vers le cœur, et il reste stagnant dans les parties périphériques exposées au froid. C'est ainsi qu'en hiver les différentes parties de la face sont très-rouges lorsqu'on marche à l'air extérieur. Rien ne prouve mieux

---

[1] Pouchet (*Journal de l'Anatomie et de la Physiologie*, de M. Ch. Robin, janvier 1866).

que cet exemple l'action du froid sur la circulation capillaire, et combien, loin de faire contracter les vaisseaux, le froid les paralyse ou tout au moins empêche le cours normal du sang.

Par contre, la chaleur favorise le cours du sang ; le pouls est proportionnel à la chaleur de l'organisme, et chez les différents animaux, la circulation se fait d'autant plus rapidement que la température de l'animal est plus élevée. « On ne peut douter, dit M. Claude Bernard, que la production de chaleur soit en rapport avec la fréquence des pulsations et surtout avec la pression, lorsque l'on compare la rareté du pouls des animaux à sang froid avec sa fréquence chez les animaux à sang chaud, chez les mammifères et surtout chez les oiseaux. Sans sortir des mammifères, on voit chez les animaux hibernants, un abaissement notable de température coïncider avec un abaissement du pouls et *une diminution de la pression*, comme nous l'avons depuis longtemps constaté chez les animaux auxquels nous avions coupé la moelle épinière. Le nombre des pulsations semble donc croître avec la chaleur[1]. »

§ IV. *Du développement de la chaleur par arrêt de la circulation.* — Ainsi donc la chaleur augmente la rapidité de la circulation, car une partie de la chaleur se trouve *transformée* en mouvement. Réciproquement, si le mouvement vient à être arrêté en un point quelconque du système artériel, il y aura apparition de chaleur, le mouvement se retransformant en chaleur. Rappelons-nous que tout liquide en mouvement venant heurter contre un obstacle, s'échauffe. Le même phénomène a lieu lorsqu'on arrête le cours du sang. M. Claude Bernard, en effet, a trouvé que lorsqu'on lie l'aorte abdominale chez les animaux, le sang devient plus chaud au dessus de la ligature. C'est en partie pour la même raison, croyons-nous, que le sang de la veine rénale est plus chaud que celui de l'artère rénale, car celui-ci arrivant avec une grande vitesse et une grande pression, vient heurter, pour ainsi dire,

[1] *Des liquides de l'organisme*, t. I, p. 222.

contre des capillaires où sa vitesse se ralentit beaucoup, et ce changement a pour résultat forcé une élévation de température. L'artère carotide interne, avant de pénétrer dans la masse cérébrale, forme un grand nombre de coudes dans le tissu osseux du crâne ; on a dit que la raison d'être de ce trajet sinueux était de rendre les pulsations des artères cérébrales moins énergiques ; cela se peut, mais cette disposition a certainement pour conséquence de rendre le sang de l'artère carotide interne plus chaud, par suite des chocs successifs qui ont lieu à chaque coude.

On a observé l'augmentation partielle de température sur la cuisse d'un malade atteint d'anévrisme artérioso-veineux ; or, dans ce cas, le courant artériel centrifuge rencontre le courant veineux centripète, et de ce choc résulte le ralentissement de la masse sanguine artérielle, et par conséquent l'augmentation de la température.

« On a également rencontré cette élévation de la température sur les membres affectés de phlébite aiguë et chez les phthisiques, dont les membres inférieurs s'œdématient sous l'empire d'une phlébite obscure qui amène l'oblitération de la veine par des caillots sanguins. Nous y avons constaté plusieurs fois avec le thermomètre une température supérieure à celle du membre opposé. Dans la lymphangite bornée à un membre, ce même accroissement de chaleur est manifeste, ainsi que dans les tissus atteints d'érysipèle, de phlegmasie congestive ou phlegmoneuse, enfin sur la limite des parties mortes et vivantes, dans la gangrène partielle. Nous avons peine à nous expliquer pourquoi la chaleur s'accroît lorsque la circulation est gênée dans un membre dont les veines sont comprimées par des tumeurs ou oblitérées par des caillots[1]. »

L'explication de ces faits se trouve facilement dans la théorie mécanique de la chaleur, car tout obstacle au mouvement du

---

[1] Monneret, *Pathologie générale*, t. II, p. 14.

sang détermine de la chaleur. Les chiffres suivants, empruntés à M. Cl. Bernard, démontrent ce fait d'une manière incontestable [1].

Veine porte

3h	20m.	—	40°, 2.
3h	55m.	—	39°, 5.
4h	30m.	(*l'aorte étant liée*)	39°, 8.

(La température, ajoute expressément M. Bernard, a monté par suite de la ligature.)

Veine cave inférieure.

4h		39°, 9.
4h	30 (*l'aorte étant liée*)	39°, 9.

(Pas d'abaissement de température, comme cela a lieu lorsqu'on ne lie pas l'artère.)

Veine cave inférieure au niveau des veines hépatiques [2].

Température	41°, 3.
Après avoir comprimé l'abdomen	41°, 5 et 41°, 6.

Nous-même, sur un chien, nous avons fait l'expérience suivante. Après avoir incisé la peau, nous plaçons le long de l'artère crurale la cuvette entière d'un thermomètre; la température reste fixe entre 37°,4 et 37°,5. Nous mettons une ligature temporaire sur l'artère crurale au-dessous de la place occupée par le thermomètre, de manière à intercepter tout mouvement du sang. Le thermomètre reste placé à la même place, c'est-à-dire le long de l'artère crurale, et au bout de fort peu de temps (10 minutes) il monte de 37°,5 à 37°,6, et atteint successivement 37°,7 ; 37°,8; 37°,9 ; 38°. Nous enlevons la ligature, et pendant deux minutes, le thermomètre de 38° monte encore à 38°,1; puis il descend assez rapidement jusqu'à 37°, 6, où il reste fixe. Nous comprimons de nouveau l'artère et le mercure remonte au bout de quelque temps à 37°,9 pour redescendre lorsque nous cessons la com-

1 *Liquides de l'organisme*, p. 153.
2 *Id.*, p. 141.

pression. Cette expérience montre bien, nous l'espérons du moins, que tout empêchement à la circulation, en un point, élève la température des parties placées au-dessus de ce point.

Ajoutons enfin les résultats obtenus par M. Broca, et qui sont aussi concluants que ceux que nous venons de mentionner. M. Broca, en effet, a reconnu que chaque fois qu'un anévrisme était comprimé, la température s'élevait au-dessus de ce point ; et que dans le cas d'embolie, la région du membre où est situé l'obstacle à la circulation artérielle est constamment plus chaude que la région correspondante du membre sain. — « Lorsque l'oblitération date déjà de quelques jours, on constate avec le thermomètre que la température est normale au-dessus de l'oblitération, exagérée au niveau de l'oblitération et diminuée au-dessous. On peut donc, par l'étude thermométrique, déterminer le siége de l'oblitération ; mais ces phénomènes ne s'observent que lorsque le vaisseau n'est oblitéré que dans une petite étendue, soit par une embolie, soit par une ligature. Lorsque l'oblitération occupe à la fois la fémorale et les artères de la jambe, la température est partout abaissée. De là résulte un moyen de diagnostiquer la cause des gangrènes spontanées, de distinguer la gangrène par embolie de celle qui est due à l'artérite générale du membre, de reconnaître jusqu'à quelle hauteur remonte l'oblitération des artères, et de déterminer le siége de l'amputation dans le cas où celle-ci paraît nécessaire [1]. »

---

[1] Voir les *Bull. de la Soc. de chirurgie*, 1861, 2e série, t. II, p. 344, 632 ; t. III, p. 125. M. Broca a eu l'obligeance de nous communiquer une observation très-remarquable à ce sujet. Appelé en consultation pour un malade qui avait des phénomènes d'oblitération artérielle des artères des pieds, il diagnostiqua, au moyen de l'élévation de température en ce point, que l'obstacle à la circulation se trouvait au-dessus de la poplitée, et méconseilla l'amputation du pied, de crainte qu'il n'y eût une gangrène du moignon. Les progrès du mal et les douleurs intolérables du malade nécessitèrent cependant, quelque temps après, l'amputation, qui fut faite au-dessous du point indiqué par M. Broca comme le siége de l'oblitération, et, comme il l'avait prédit, il y eut une gangrène du moignon.

§ V. *De la chaleur dans l'inflammation.*

L'inflammation est caractérisée par de la rougeur, de la tuméfaction, de la douleur et de la chaleur des parties malades. S'appuyant sur l'expérience de M. Claude Bernard, on a cherché à expliquer tous ces phénomènes par une paralysie des nerfs vaso-moteurs, et voilà l'explication qu'en donnent certains auteurs : La paralysie des nerfs vaso-moteurs détermine le relâchement des parois des vaisseaux et par conséquent le sang arrive en plus grande quantité et circule plus vite. C'est pour cette raison qu'il y a de la rougeur, de la tuméfaction et une élévation de température. La rougeur et la tuméfaction sont dues à la quantité de sang qui afflue, la chaleur à la circulation rapide qui renouvelle ainsi constamment la portion de sang où les oxydations ont déjà eu lieu en grande partie, et qui n'a pas le temps de se refroidir par rayonnement. Avant d'examiner si l'observation directe s'accorde avec cette opinion, nous ferons remarquer que l'élargissement du calibre d'un tube implique l'arrivée d'une plus grande masse de liquide, mais n'implique nullement une plus grande vitesse du liquide. En second lieu, et cette objection nous paraît plus importante, quelles sont les causes de la circulation du sang? Ce sont surtout l'action du cœur et l'action des vaisseaux; une diminution dans l'une de ces deux actions entraîne nécessairement le ralentissement de la circulation. Or, dans la paralysie des nerfs vaso-moteurs, la contractilité des artérioles et des capillaires ne peut plus avoir lieu, contractilité dont l'effet était de chasser le sang qu'ils renferment. Comment admettre alors que l'absence de contractilité facilite au contraire le cours du sang ?

D'un autre côté, lorsque la circulation est rapide, il y a, il est vrai, augmentation de la chaleur, rougeur légère, tuméfaction; mais cette rougeur est uniforme et la tuméfaction est immédiate, due au développement des vaisseaux et non, comme dans l'inflammation consécutive et d ue à l'exsudation qui se fait dans les parties malades. Une circulation rapide implique l'échange rapide des principes nutritifs, le fonctionnement exagéré, soit, mais normal des organes, elle ne donne point lieu à l'altération des éléments anatomiques, ne produit point d'exsudation, et surtout n'amène jamais ni atrophie ni ulcérations. Or dans l'inflammation tous ces phénomènes ont lieu, en même temps que l'on constate une élévation de température.

Les faits empruntés à l'observation montrent d'une manière encore bien plus nette que l'inflammation n'est point accompagnée d'une circulation plus rapide. J'enfonce une épine dans la peau, et bientôt, autour de ce corps étranger, survient de la rougeur, de la chaleur, de l'exsudation, de la suppuration. Cette épine, loin de faciliter la rapidité de la circulation des parties dans lesquelles elle est plongée l'entrave, et c'est autour d'elle, autour de l'obstacle qu'elle crée, que les phénomènes inflammatoires ont leur plus grande intensité.

Regardons au microscope la circulation capillaire d'une grenouille. Avant d'étaler la partie que l'on veut examiner, la langue, par exemple, et de la maintenir au moyen d'épingles, elle est blanche, et les vaisseaux ne s'aperçoivent que difficilement à l'œil nu. Dans les premiers moments, la circulation est rapide, mais au bout de fort peu de temps on voit près des parties avoisinantes d'une des épingles, un capillaire augmenter de volume et se remplir de globules qui restent immobiles. C'est pour ainsi dire la boule de neige de l'avalanche, car immédiatement au-dessus de ce capillaire d'autres s'engorgent peu à peu, et la circulation s'arrête bientôt complétement dans les capillaires et les artérioles. A ce moment la partie où l'on vient de constater cet arrêt de la circulation présente une rougeur très-marquée, causée par les vaisseaux distendus par les globules qui s'y trouvent entassés; on voit parfaitement à l'œil nu le trajet des petites artérioles. La rougeur peut donc être causée par la stase du sang aussi bien que par une circulation rapide.

Ces phénomènes sont, d'après tous les auteurs, ceux qui marquent le début de l'inflammation. Il y a inflammation, dit M. Robin, lorsqu'il y a stase et arrêt complet des globules du sang, avec réplétion et distension des capillaires, et graduellement des artérioles et des veinules, surtout des dernières ; car les capillaires dont elles proviennent cessant de leur fournir du sang, le courant s'y ralentit, s'y arrête même ensuite; elles ne reçoivent plus que celui des capillaires collatéraux, et cela graduellement avec une impulsion de moins en moins grande, de sorte que les globules sanguins s'y accumulent sans en sortir.

La circulation, loin d'être rapide dans les parties enflammées, est donc au contraire ralentie et même complétement arrêtée. Mais alors comment expliquer cette élévation de température? Elle a sa source croyons-nous dans plusieurs causes. D'abord, le sang qui reste stagnant dans ces capillaires n'en continue pas moins à fournir de la chaleur ; car les oxydations des principes qu'il renferme se font malgré cet arrêt de la circulation.

D'un autre côté, puisque nous savons que dans tout mouvement moléculaire il y a disparition d'une certaine quantité de chaleur, peut-être l'altération de la nutrition des éléments anatomiques a-t-elle pour résultat de restituer de la chaleur ou tout au moins de ne point transformer celle qui est dégagée. Le grand sympathique, dans ce cas, agirait non-seulement sur les fibres musculaires des vaisseaux, mais il aurait une action plus ou moins immédiate sur les phénomènes d'endosmose et d'exosmose qui se passent dans les capillaires. Nous ne faisons qu'émettre cette hypothèse, sous toute réserve, en n'y attachant qu'une importance très-secondaire, car nous sommes les premiers à avouer que cette opinion a un tort immense, c'est de se fonder sur des raisonnements trop spéculatifs. Cependant si cette hypothèse est fausse, quelques faits démontrent néanmoins que plusieurs phénomènes se rapportant à ce sujet, n'ont pas encore reçu d'explication satisfaisante. Sans vouloir nous appuyer sur des expériences remarquables de M. Legros [1], nous ajouterons seulement que M. Claude

[1] M. Legros, en coupant, sur des oiseaux, les filets du grand sympathique qui se rendent aux tissus érectiles, a vu la paralysie du grand

Bernard avait tout d'abord appelé l'attention sur les phénomènes de calorification qui se produisent dans l'oreille après la section du grand sympathique, sans rattacher directement ces phénomènes aux changements survenus dans la vascularisation de l'organe. Les objections faites alors par M. Claude Bernard subsistent en entier, car l'expérience que l'on a invoquée depuis, la galvanisation du bout périphérique du cordon cervical du grand sympathique (Brown-Sequard), amenant l'abaissement de la température, était connue de M. Claude Bernard. Bien plus, il l'avait faite et répétée lui-même en constatant les mêmes résultats et cependant il ajoutait : « Il y a, sans aucun doute, des rapports intimes que personne ne peut méconnaître entre les phénomènes de calorification et de vascularité des parties du corps, mais est-ce à dire pour cela que dans le cas qui nous occupe, on devra attribuer l'augmentation de chaleur de l'oreille ou de la face purement et simplement à ce que la masse de sang, qui est devenue plus considérable, se réfroidit moins facilement et fait apparaître les parties plus chaudes? Cette interprétation par la stase toute mécanique qui devait d'abord se présenter à l'esprit serait insuffisante pour expliquer ces différences de 6° à 7° de température qui existaient quelquefois entre les deux côtés de la face. J'ai été encore porté à repousser cette explication, parce que l'on voit très-souvent l'engorgement des vaisseaux diminuer considérablement dès le lendemain de l'opération, bien que l'oreille ne varie pas sensiblement de température...

» A la suite de la section de la cinquième paire, la conjonctive devient très-rouge et les vaisseaux capillaires y sont très-visibles ainsi que dans d'autres parties de la face, et cependant il y a dans ce cas un abaissement de température...

» Si on vient, chez des chiens et des lapins où l'élévation de

---

sympathique être suivie de la flaccidité de ces organes, et non de leur turgescence, comme le ferait supposer l'action des nerfs vaso-moteurs sur la circulation.

température existe par suite de la section du grand sympathique, à diminuer l'afflux ou le renouvellement du sang par la ligature de l'artère carotide du côté correspondant, on voit néanmoins la chaleur des parties rester toujours plus élevée que celle du côté opposé. »

Mais, de toutes ces expériences, la plus décisive est la suivante, due également à M. Claude Bernard. Sur un lapin adulte et bien portant, il fait ligature des deux troncs vasculaires veineux ; puis seulement il fait la section du filet sympathique et aussitôt l'oreille devient chaude. Alors, pour emprisonner le sang dans l'oreille et en empêcher le renouvellement, il lie l'artère ; la température diminue un peu, mais elle reste toujours plus élevée que dans l'oreille opposée.

« D'après ces expériences, ajoute M. Claude Bernard [1], il n'est donc pas possible d'expliquer le réchauffement des parties par une simple paralysie des artères qui, à raison d'un élargissement passif, laisseraient accumuler une plus grande quantité de sang. »

Comment expliquer aussi cette élévation de température qui survient quelquefois pendant l'agonie ou immédiatement après la mort ? Dans la tuberculisation, il y a également une élévation de température due probablement plutôt à la condition générale qu'au dépôt tuberculeux [2]. La température peut être prise comme mesure du degré auquel la tuberculose et la tuberculisation sont parvenues, et toute variation dans la température indique une variation correspondante dans la gravité de la maladie. Ne dirait-on pas que, dans tous ces cas, la température ne paraît être en excès que parce que les phénomènes vitaux languissent ; et on est presque tenté de rechercher la cause de cette augmentation de température dans un rapprochement entre la vie végétale et la vie animale.

---

1 Cl. Bernard, *Leçons sur la physiologie et la pathologie du système nerveux*, t. II, p. 496 et suiv.

2 *Archives générales de médecine*, avril 1866. Recherches sur la température du corps dans la phthisie pulmonaire.

La chaleur solaire en tombant sur une plaine dénudée n'est point absorbée; dans une forêt, au contraire, elle disparaît en partie, car elle se transforme en vie végétale. Plus il y a de végétation, plus il y de chaleur absorbée, et si les arbres viennent à disparaître ou à languir dans ce même lieu, la chaleur sera plus élevée qu'antérieurement.

D'un autre côté, les éléments anatomiques sont « autant d'individus vivants, jouissant chacun de la propriété de croître et de se multiplier, » ce sont pour ainsi dire les arbres de la forêt et ils ont besoin pour se nourrir de l'action de la chaleur. Au moment où ces éléments viennent à languir ou bien encore lorsque tous les mouvements sont arrêtés brusquement, n'est-il pas conséquent de trouver alors un excès de chaleur? Mais quittons ces vues plus ou moins hypothétiques, pour déterminer une dernière cause physique de l'élévation de température dans l'inflammation.

Nous avons vu que tout obstacle à la circulation produisait une élévation de température au niveau de cet obstacle, et nous avons expliqué ce phénomène par la transformation en chaleur du mouvement du liquide. Or, dans l'inflammation, il existe un obstacle très-considérable à la circulation, comme le montre l'observation microscopique; il est donc évident que dans toutes parties enflammées, il y aura une augmentation de température due à la transformation en chaleur du mouvement de la colonne sanguine qui vient rencontrer un obstacle assez étendu. Certes à chaque battement il y a fort peu de chaleur ainsi transformée, mais ces chocs se succèdent rapidement et représentent au bout de vingt-quatre heures une quantité de chaleur assez considérable.

Le ventricule gauche fait en une heure, d'après Fick [1], un travail de 1680 kilogrammètres, et le ventricule droit un travail de 840 kilogrammètres. Ces chiffres nous paraissent un peu exagérés, car en admettant 60 pulsations par minute et pour le travail du

---

[1] *Die Medicinische Physik.* Braunsweig, 1866, 2e édition.

ventricule gauche à chaque pulsation 180 grammes de sang élevés à 2 mètres de hauteur, ce qui est bien suffisant, nous ne trouvons pour le travail d'une heure que 1296 kilogrammètres. En prenant les chiffres donnés par Fick, on trouve que le travail mécanique dépensé en vingt-quatre heures par le cœur et se transformant en chaleur dans les différents vaisseaux sanguins, équivaut à plus de 83 calories.

Pour un centimètre cube de sang qui aurait une vitesse de 0^m10 par pulsation, et dont le mouvement serait arrêté par suite d'un obstacle contre lequel viendrait se heurter cette petite masse de sang, on peut évaluer que la quantité de chaleur mise en liberté serait, au bout de vingt-quatre heures, capable d'élever 30 à 40 grammes d'eau d'un degré. On voit donc qu'au bout de quelque temps, la chaleur qui résulte de l'arrêt du cours du sang en un point donné, peut être assez considérable pour rendre très-sensible la différence de température de cette partie d'avec les parties avoisinantes. Nous croyons, par conséquent, que dans l'inflammation, l'élévation de la température est due en partie à la cause que nous venons de signaler.

III

Application de la théorie dynamique de la chaleur au système nerveux.

§ I. *De l'action réflexe.* — La théorie dynamique de la chaleur ne consiste pas seulement dans ce seul fait de la transformation de la chaleur en un autre mode de mouvement et réciproquement, mais elle a pour principe fondamental cet axiome : *Ex nihilo nihil, in nihilum nil posse reverti.* Dans les phénomènes physiologiques et pathologiques du système nerveux, nous trouvons l'application de cet axiome en dehors de toute transformation de chaleur, mais nous y trouvons également la loi générale de la corrélation des forces.

Le mot seul d'action réflexe explique suffisamment le phénomène dont il s'agit, nous ne ferons donc qu'indiquer l'expérience fondamentale qui a conduit à cette découverte. Chez un animal décapité ou chez lequel on a séparé par une incision la moelle de l'encéphale, on remarque encore pendant un certain temps des mouvements coordonnés à la suite d'une excitation extérieure. En d'autres termes, si la moelle épinière ne communique plus avec l'encéphale, toute impression, toute excitation portée sur un nerf sensitif occasionnera un mouvement du membre ou de la partie impressionnée.

Si la moelle, au lieu d'être séparée du centre encéphalique par une incision transversale, est comprimée par une tumeur ou un épanchement sanguin, le même phénomène se reproduira ; il cessera d'exister si la moelle et le cerveau communiquent librement. Donc tout obstacle existant entre la moelle et l'encéphale tend à produire l'action réflexe.

D'un autre côté, comme tout porte à l'admettre, toute action nerveuse, toute transmission d'impression et de sensation a lieu au moyen d'un mouvement vibratoire des nerfs, et voici où nous entrons dans la théorie dynamique de la chaleur ; ce mouvement-là, quelle que soit sa nature, ne peut être anéanti, *in nihilum nil posse reverti*. Donc, une excitation portée sur un nerf déterminera un mouvement vibratoire qui viendra se manifester sur la continuité de ce nerf ou sur les parties qui sont en relation avec lui.

Si entre ce nerf et les centres encéphaliques il y a une communication libre et normale, cette vibration viendra ébranler les parties constituantes du cerveau et y déterminera des phénomènes divers ; elle sera la source de la perception, et se transformera selon le gré de la volonté. Mais si cette communication est interrompue, si la transmission de ce mouvement vibratoire ne peut plus arriver jusqu'au cerveau, par suite d'une séparation artificielle ou d'une tumeur comprimant la moelle, qu'arrivera-t-il ?

La vibration transmise par les nerfs sensitifs ébranlera les cellules nerveuses de la moelle, et celles-ci, à leur tour, communiqueront ce mouvement aux nerfs moteurs qui sont en relation avec elles. Comme un rayon de lumière qui tombe sur un miroir et qui se réfléchit, la vibration transmise par les nerfs sensitifs se réfléchit sur la moelle et réapparaît sur les nerfs moteurs ; l'action réflexe n'est donc autre chose que le retour, l'écho de la vibration initiale[1].

Cette action reflexe se faisant des nerfs sensitifs sur les nerfs moteurs, a lieu également dans certaines circonstances lorsque l'on excite primitivement les nerfs moteurs ; c'est ce que Magendie, à qui la science doit cette découverte, a appelé *la sensibilité récurrente,* ou *sensibilité en retour.* Si l'on coupe une racine antérieure (motrice), le bout coupé correspondant à la moelle épinière est insensible, et celui qui correspond à la périphérie du corps, ne communiquant plus avec l'encéphale, est sensible. Magendie pensait que cette sensibilité récurrente était transmise à la racine rachidienne antérieure par la racine rachidienne postérieure (sensitive), comme s'il y avait un circuit de sensibilité entre les deux racines nerveuses[2]. Il n'existe aucune anastomose entre les éléments nerveux sensitifs et moteurs périphériques, mais les nerfs moteurs déterminent, en étant irrités, des contractions violentes, des crampes, et ce sont ces contractions qui agissent sur les nerfs de sensibilité musculaire (Brown-Sequard). Dans ce cas donc, la vibration, au lieu de se réfléchir sur la moelle, se

---

[1] Nous n'entendons pas parler ici des impressions réflexes viscérales et nutritives, dont l'action inconsciente a lieu d'une manière continue ; ces impressions réflexes se font d'ailleurs d'une manière identique, car les éléments nerveux destinés à transmettre ces impressions ne sont point en rapport avec les autres encéphaliques, et ils agissent toujours les uns sur les autres directement dans la moelle (Voir surtout le beau livre de M. Luys : *Recherches sur le système nerveux cérébro-spinal, sa structure, ses fonctions et ses maladies.*

[2] Dictionnaire dit de Nysten. Article *Récurrent.*

réfléchit sur le tissu musculaire pour se transmettre aux nerfs sensitifs. C'est le même phénomène que celui que nous avons étudié tout à l'heure; seulement, tandis que l'impression primitivement portée sur les nerfs sensitifs revient aux nerfs moteurs par l'intermédiaire des centres nerveux, cette impression ou bien encore le mouvement vibratoire déterminé primitivement sur les nerfs moteurs revient sur les nerfs sensitifs par l'intermédiaire du tissu musculaire, et cela se comprend parfaitement, le courant nerveux des nerfs moteurs étant centrifuge, et celui des nerfs sensitifs étant centripète[1].

L'intensité de la contraction et l'intensité de la sensation sont proportionnelles l'une à l'autre. Pincez légèrement un membre, dit M. Ch. Rouget, des mouvements se montreront dans ce membre seul ; pincez un peu plus fort, les mouvements se manifesteront à la fois dans le membre qui reçoit l'excitation et dans celui du côté opposé ; pincez encore plus fort, les mouvements convulsifs envahissent les quatre membres et le tronc ; augmentez l'intensité de l'irritation, vous aurez des mouvements généraux, des cris même si la section a porté au-dessus du bulbe rachidien. — « Le système nerveux joue le rôle d'un appareil qui reçoit des impressions et restitue sous forme d'excitation motrice et en quantité proportionnelle ce qu'il a reçu comme impression[2]. »

---

[1] M. Cl. Bernard a donné de la sensibilité récurrente une explication différente : il admet que des fibres sensitives se recourbent et reviennent à la moelle en formant une anse dans l'intérieur même d'un nerf mixte. Plusieurs expériences semblent confirmer cette explication ; dans ce cas, la sensibilité récurrente serait un phénomène très-simple, dépendant de l'excitation d'une fibre sensitive. Si nous avons cherché à expliquer l'opinion contraire à celle de M. Cl. Bernard, c'est que cette opinion est encore assez généralement admise, et qu'elle est loin d'être anti-physiologique.

[2] *Introduction à la physiologie des actions réflexes*, par Cl. Rouget, dans *Leçons sur le diagnostic et le traitement des principales formes de paralysie des membres inférieurs*, par Brown-Sequard. Victor Masson, 1864, p. 51.

Nous ne pouvons insister ici sur les conséquences de ces faits, et rapporter tous les cas pathologiques où une vibration initiale est la cause de convulsions ou d'autres phénomènes nerveux[1]. Nous ferons seulement remarquer que toute affection locale produit d'une manière continue des ébranlements des centres nerveux, que pour que cet ébranlemement soit admis, il n'est point nécessaire qu'il y ait réflexion sur les nerfs moteurs, c'est-à-dire contraction musculaire, mais que cet ébranlement peut ne déterminer qu'un petit nombre d'actions réflexes, et cependant être très-énergique, car la volonté intervient dans tous ces cas. C'est justement ce mouvement vibratoire continu et anormal qui produit les troubles des fonctions cérébrales, ou bien, chez d'autres personnes, l'épuisement et l'affaiblissement de la moelle ou du système nerveux ganglionnaire (paralysies réflexes de Brown-Sequard). C'est pour cela que les inflammations très-étendues d'un membre paralysé sont loin d'avoir sur la santé générale une action aussi funeste que des inflammations très-légères et très-limitées placées au voisinage d'un nerf (Claude Bernard).

§ II. *De l'action de la chaleur sur le système nerveux.* — La chaleur est un excitant du système nerveux; elle augmente l'intensité et la vitesse de propagation de l'action nerveuse ; Helmholtz, en cherchant à mesurer la vitesse de propagation de la vibration nerveuse, a constamment vu qu'il existait une relation réelle entre cette vitesse et la température de l'animal. Chez les ani-

---

[1] Un des faits les plus frappants sous ce rapport consiste dans les contractions utérines chez les femmes enceintes lorsqu'elles ont des douleurs névralgiques. Nous avons vu nous-même, dans le service de M. Depaul, une femme enceinte de sept mois et demi avoir, à la suite d'une pleurodynie, des contractions utérines qui faillirent provoquer l'accouchement ; le col était déjà complétement effacé et entr'ouvert. Un traitement opiacé externe modéra la douleur due à la pleurodynie, et le col se referma et reprit ses dimensions normales ; au bout de quelque temps, la douleur revint et aussitôt les contractions utérines reparurent. Un vésicatoire enleva complétement les douleurs causées par la pleurodynie, et la femme accoucha à neuf mois.

maux à sang froid, cette vitesse est bien moins grande que chez les animaux à sang chaud, et pour un même animal, pour une grenouille, par exemple, elle varie également avec la température ambiante.

Le froid arrête toute action nerveuse ; appliqué sur une partie du corps, il en enlève la sensibilité, non-seulement parce qu'il empêche l'arrivée du sang dans cette partie, mais encore parce qu'il agit directement sur la fibre nerveuse sensitive. Il arrête et absorbe, pour ainsi dire, le mouvement vibratoire du nerf, et empêche l'impression d'arriver jusqu'à la moelle ; comme une ligature placée sur un nerf, il intercepte tout mouvement, toute communication entre la périphérie et les centres nerveux.

Nous ne ferons que résumer une expérience que nous avons faite plusieurs fois. En mettant sur une grenouille le nerf sciatique à découvert, et en y appliquant directement un petit morceau de glace, on n'obtient plus, au bout de quelque temps, en excitant la partie mise en contact avec la glace, ni phénomènes de sensibilité, ni phénomènes de contractilité, le nerf est devenu inerte. L'excitation portée un peu plus bas que la partie refroidie détermine de la contraction des muscles, mais ne donne point de phénomènes de sensibilité ; l'effet inverse a lieu, si l'on porte l'excitation au-dessus de la partie refroidie. Il est donc évident que le froid empêche l'action nerveuse, et quel que soit le mode de mouvement qui constitue l'influx nerveux, on peut affirmer que ce mouvement est, lui aussi, arrêté par le froid et augmenté par la chaleur.

Cette relation intime qui existe entre la chaleur et l'influx nerveux, est-ce une simple influence de milieux? ou bien l'influx nerveux, comme la contraction musculaire, a-t-il besoin pour se produire de l'action de la chaleur? est-ce une transformation de la chaleur, et dans chaque action nerveuse disparaît-il une certaine quantité de chaleur? Pour démontrer cette dernière opinion, nous pouvons nous fonder sur ce que l'influx nerveux s'épuise à chaque instant et qu'il a besoin d'être renouvelé. — Or, pour se renouveler, c'est dans le sang seul qu'il trouve les éléments nécessaires à sa production, et le sang ne peut lui fournir, à côté des produits propres à la composition des cellules et des fibres nerveuses, que la chaleur dégagée par l'oxydation des éléments qu'il renferme. Il faut donc que l'influx nerveux se fasse aux dépens de la chaleur. « Une force quelconque, dit M. Claude Bernard, n'est en définitive qu'une autre force transformée, et un corps ne peut être également qu'un autre corps modifié ou transformé[1]. » Mais répétons ici ce que nous avons déjà dit à propos de la fibre musculaire : la chaleur n'est point transformée d'une manière aussi directe que dans les machines inorganiques; l'influx nerveux, comme la contractilité des muscles, est la conséquence de la nutrition d'éléments anatomiques particuliers, c'est la manifestation des propriétés de ces éléments ; mais pour se nourrir, comme pour remplir leurs fonctions, il faut que ces éléments subissent *une rénovation moléculaire continue*, rénovation impossible sans la chaleur, car tout mouvement moléculaire est une transformation de la chaleur.

Dans quel rapport cette transformation de la chaleur en influx nerveux a-t-elle lieu? Cela sans doute ne sera jamais déterminé; aussi bien ne pourrait-on jamais peut-être donner l'équivalent d'autres transformations moins compliquées, sans que cette raison suffise pour ne point admettre que ces transformations aient lieu réellement. Combien le principe actif des plantes ou le parfum des fleurs nécessitent-ils pour se produire d'unités de chaleur ! et cependant il est vrai, scientifiquement vrai, que le principe actif des plantes comme le parfum des fleurs ne sont qu'une transformation de la chaleur solaire?

Plusieurs faits vont nous montrer la relation intime qui existe entre la chaleur et la production de l'influx nerveux. Sans

---

1 *Revue des Cours scientifiques*, nº 3, 1865-1866.

chercher des exemples dans la série animale, où nous voyons la sensibilité et l'excitabilité être d'autant plus énergiques et plus considérables que la température de l'animal est plus élevée, nous ferons remarquer que chez l'homme les nerfs sont de tous les organes ceux qui sont le moins exposés aux chances de refroidissement. Placés dans l'intérieur des tissus, accolés aux vaisseaux, ils sont toujours environnés d'un milieu à température élevée et constante. Les moyens de protection contre le froid sont des plus variés, et si les tissus environnants ne sont pas mauvais conducteurs de la chaleur, le trajet du nerf vient en partie remédier à cet inconvénient. Le nerf récurrent, par exemple, au lieu de se rendre directement au larynx, pénètre d'abord dans la cage thoracique où les variations de température sont presque impossibles, et de là il remonte vers le larynx en restant en contact avec l'artère carotide.

Le cerveau reçoit des artères très-volumineuses qui, avant de pénétrer dans le crâne, ne donnent presque aucunes branches collatérales, et qui sont autant que cela est possible protégées contre toutes les causes de refroidissement. Nous avons déjà fait remarquer que l'artère carotide avant d'arriver au cerveau faisait dans le tissu osseux du crâne un certain nombre de coudes qui ont nécessairement pour résultat de ralentir le cours du sang, et, par suite, d'en élever la température. Les veines cérébrales, avant de retourner au cœur, tapissent toute la surface externe du cerveau, et concourent ainsi avec la boîte osseuse du crâne à maintenir autour de cet organe une température élevée et invariable. Bichat avait déjà fait la remarque « que les animaux à cou allongé, chez lesquels, par là même, le cœur plus éloigné du cerveau peut moins vivement agiter cet organe, ont l'intelligence plus bornée, les fonctions cérébrales plus rétrécies par conséquent ; qu'au contraire, un cou très-court et le rapprochement du cœur et du cerveau coïncident communément avec l'énergie de celui-ci. Les hommes dont la tête est très-loin des épaules, comparés à ceux où elle en est près, offrent quelquefois le même phénomène[1]. »

Bichat attribuait cette action au mouvement d'expansion déterminé par « le cœur à sang rouge ; » mais la vraie raison n'est-elle pas plutôt dans la température plus ou moins élevée des artères cérébrales ? Le sang des artères carotides et vertébrales se refroidit d'autant plus que le cou est plus étroit et plus long, et comme les phénomènes nerveux ne sont qu'une transformation de la chaleur qui se produit dans les vaisseaux cérébraux, il est évident que moins il y aura de chaleur, moins il y aura d'influx nerveux élaboré[2].

Les expériences de Legallois, Brown-Sequard, Vulpian, etc., démontrent d'une manière évidente l'influence du sang artériel sur l'innervation. Nous ne citerons qu'une de ces expériences : Un chien est décapité, les muscles de la tête ont perdu leur excitabilité, les paupières sont fermées, les yeux ternes ; on injecte alors dans les artères cérébrales du sang rouge, et au bout de quelque temps, la chaleur réapparaît, les muscles deviennent facilement excitables, les paupières s'ouvrent, les yeux prennent de l'expression. On cesse les injections de sang artériel, les signes de mort se succèdent rapidement pour disparaître de nouveau si l'on recommence les injections de sang oxygéné. Quel exemple frappant de l'influence du sang, non-seulement sur la contractilité, mais encore sur l'innervation. Ces expériences ont été répétées par Brown-Sequard sur des membres de suppliciés ; comme sur les animaux, les phénomènes de la vie qui paraissaient éteints ont reparu après l'injection de sang oxygéné. Quel terrible et émouvant spectacle si de pareilles expériences étaient

---

1 Bichat (*loc. cit.*), p. 164.

2 Si, comme semblent le prouver les expériences de Dubois-Reymond, il y a entre l'influx nerveux et les phénomènes électriques une grande analogie, la transformation de la chaleur en influx nerveux se comprend d'autant mieux et pourra peut-être un jour être calculée.

faites sur des têtes de suppliciés ! car il est presque permis d'affirmer que dans une tête séparée récemment du tronc, on ferait renaître pour un instant la vie et la pensée.

Nous rappellerons également ici l'observation faite par Gratiolet, que parmi les animaux à sang chaud, ceux dont les artères sont longues et grêles ont des mouvements très-lents, mais qu'ils peuvent garder longtemps la même attitude; tandis que ceux dont les artères sont grandes, et dont le cœur est puissant, ont la faculté de produire des mouvements énergiques et rapides, mais qu'il leur est impossible de garder longtemps la même attitude active. Nous avons déjà cherché à expliquer ce fait dans la partie de ce mémoire qui traite des mouvements musculaires, nous voulons faire observer ici que ce qui est vrai pour les muscles est vrai également pour les éléments nerveux. En effet, les personnes qui ont les artères peu volumineuses, sont susceptibles d'un travail intellectuel lent et opiniâtre, leur esprit présente peu de mobilité, peu d'aptitudes diverses et rapides, leurs passions sont durables et leur humeur presque toujours égale. Les personnes à artères volumineuses, c'est-à-dire les personnes sanguines, travaillent au contraire d'une manière intermittente, leurs efforts intellectuels sont rapides, énergiques, mais ils ne durent qu'un moment, leurs passions sont vives, mais elles ont une nature essentiellement variable, ils sont emportés dans leur colère, comme généreux à l'excès, mais toutes ces impressions sont plus ou moins fugitives et se succèdent facilement. — Ici encore c'est parce que le sang et, par suite, la chaleur arrivent au cerveau en grande quantité, et qu'ils effectuent en peu de temps tout le travail intellectuel possible; tandis que lorsque le sang arrive plus lentement et par degrés, l'élaboration de l'influx nerveux se fait également avec plus de lenteur, la sensation est moins vive, mais elle dure plus longtemps et elle laisse son impression mieux marquée.

Ce rapport entre le système musculaire et le système nerveux nous montre également que la force nerveuse comme la force musculaire étant toutes deux des transformations différentes d'une même force, de la chaleur dégagée dans l'organisme, si l'un de ces systèmes vient à prédominer, l'autre sera nécessairement affaibli, à moins que l'organisme ne fasse dans un temps donné une plus grande quantité de chaleur. Or, en général, chaque homme produit la même quantité de chaleur, et par conséquent l'activité du système musculaire suppose l'inaction des autres et en particulier du système nerveux. « Nous pouvons établir comme une loi fondamentale, dit Bichat, [1] que quand les forces s'accroissent dans une partie, elles diminuent dans le reste de l'économie vivante ; que la somme n'en augmente jamais, que seulement elles se transportent successivement d'un organe à l'autre. Avec cette donnée générale, il est facile de dire pourquoi l'homme ne peut en même temps perfectionner toutes les parties de la vie animale, et exceller par conséquent dans toutes les sciences à la fois.

» Voyez ce savant qui, dans ses abstraites méditations, exerce sans cesse ses sens internes, et qui, passant sa vie dans le silence du cabinet, condamne à l'inaction les externes et les organes locomoteurs; voyez-le s'adonnant par hasard à un exercice du corps, vous rirez de sa maladresse et de son air emprunté. Ses sublimes conceptions vous étonnaient; la pesanteur de ses mouvements vous amusera. Examinez, au contraire, ce danseur qui, par ses pas légers, semble retracer à nos yeux tout ce que, dans la fable, les Ris et les Grâces offrent de séduisant à notre imagination : vous croiriez que de profondes méditations d'esprit ont amené cette heureuse harmonie de mouvements; causez avec lui, vous trouverez l'homme le moins surprenant sous ces dehors qui vous ont surpris.

» L'esprit observateur qui analyse les hommes en société, fait à tout instant de semblables remarques. Vous ne verrez presque jamais coïncider la perfection d'action des organes locomoteurs avec

---

[1] *Loc. cit.*, p. 127.

celle du cerveau ni des sens; et réciproquement il est très-rare que ceux-ci étant très-habiles à leurs fonctions respectives, les autres soient très-aptes aux leurs. »

Cette loi sur laquelle Bichat a tant insisté est une de celle qui ont dirigé Geoffroy Saint-Hilaire dans ses beaux travaux, il a formulé ainsi la loi du balancement des organes : « Tout est réglé dans l'économie, et nul organe n'acquiert une propriété extraordinaire, qu'un autre de son système ou de ses relations n'en souffre dans une même raison. Une augmentation, un excès, dans un point, supposent nécessairement une diminution dans un autre. » C'est ce que Gœthe a également exprimé dans ces mots : « Le budget de la nature étant fixe, une somme trop considérable affectée à une dépense exige ailleurs une économie. »

Au point de vue purement économique, l'homme est donc, de tous les animaux, celui dont le travail mécanique est le moins considérable par rapport à la quantité de chaleur produite dans l'organisme; car une partie de cette chaleur disparaît par l'action du système nerveux. Les bons ouvriers sont ceux qui se nourrissent bien, car chez ceux-ci une plus grande somme de force est disponible ; mais aussi, toutes choses égales d'ailleurs, le meilleur manœuvre est celui dont le cerveau fonctionne le moins, dont l'intelligence par conséquent est la moins développée.

Un seul fait à lui seul prouve tout ce que nous venons d'avancer. Les personnes livrées à un travail intellectuel quelconque dégagent pendant ce temps une plus grande quantité d'acide carbonique (S. Davy). Qui ne sait aussi que les travaux d'esprit augmentent l'appétit, car l'entrée en activité d'un organe, quel qu'il soit, a pour conséquences immédiates d'y accélérer le cours du sang, d'accroître l'intensité du travail de composition et de décomposition dont cet organe est incessamment le siége.

Nous n'avons pas besoin d'ajouter que cette accélération de la circulation a pour résultat de dégager plus de chaleur qu'il n'y en a de consommée, et par conséquent d'élever la température locale et générale ; nous avons vu la contraction musculaire produire cet effet, la même chose a lieu dans le fonctionnement des éléments nerveux. « Le travail de l'esprit, indépendamment de toute autre action[1], suffit, comme le fait observer S. Davy, pour augmenter la chaleur animale. Limitée d'abord à la tête, cette augmentation peut se généraliser sous l'influence de méditations profondes et prolongées. Mais on peut aussi observer parfois un contraste frappant entre la température de la tête et celle des extrémités inférieures, qui semblent d'autant plus froides que la première est plus ardente. Dans ces conditions, malgré la cessation de tout travail, elles ne se réchauffent qu'après de longues heures d'agitation et d'insomnie. »

§ III. En partant des données que nous venons d'exposer, peut-être est-il plus facile d'expliquer les différences qui existent entre les individus ou entre les peuples sous le rapport de leurs idées et de la nature de leur intelligence ; nous ne voulons qu'indiquer sommairement les faits qui nous paraissent rentrer dans la théorie que nous étudions.

Chez les peuples qui habitent des contrées très-froides, la chaleur développée dans l'intérieur de l'organisme est employée presque tout entière à résister au froid extérieur. L'intelligence par conséquent ne se développe qu'incomplétement, d'autant plus qu'un exercice musculaire considérable et continu est nécessaire pour maintenir la température normale du corps. Les sens externes sont peu perfectionnés, car les excitants extérieurs n'existent pas, et comme nous venons de le dire les sens internes ne peuvent guère être exercés, car l'organisme ayant à lutter constamment contre les causes de refroidissement ne peut que difficilement céder aux organes cérébraux une quantité suffisante de force vive. C'est de ces peuples que Montesquieu a dit : « Il faut les écorcher pour les chatouiller. » Et en effet, nous savons

---

1 Longet, *Traité de Physiologie*, p. 1115.

que le froid empêche l'action nerveuse et la transmission aux centres cérébraux des impressions périphériques.

Les hommes des pays chauds sont au contraire tout sens ; car la chaleur rend la vibration nerveuse plus manifeste, et augmente sa vitesse de propagation ; aussi chaque impression, si faible qu'elle soit, est perçue, mais par cela même ces impressions se succèdent rapidement, et la dernière seule reste prédominante.

La température extérieure rend inutile et même dangereuse la formation d'une trop grande quantité de chaleur intérieure ; aussi, chez ces peuples, le cerveau, comme les autres organes, fonctionne lentement et tire peu de lui même.

L'homme devient pour ainsi dire le miroir de la nature qui l'environne, il reflète d'une manière étonnante toutes les impressions extérieures. Apathique naturellement, sans grande énergie individuelle, il n'agit que par les excitants qui lui viennent du dehors, mais dans ce cas avec une rapidité et une puissance inconnue aux peuples du Nord. Ses sens sont si souvent ébranlés, qu'il lui devient presque impossible d'en coordonner les perceptions, aussi, s'il excelle dans les arts d'imagination, il est inférieur dans les sciences de raisonnement.

L'habitant des contrées tempérées n'a pas besoin, comme celui des régions glaciales, de soutenir contre le froid extérieur une lutte aussi énergique et aussi continue, mais il lui faut cependant une nourriture plus abondante qu'à l'habitant des pays chauds. Son organisme crée donc à chaque instant une certaine somme de chaleur qui se répartit d'une manière plus égale pour le fonctionnement de ses organes et pour sa préservation contre les intempéries de l'atmosphère. Aussi sa sensibilité est plus grande que celle des habitants des pays froids, mais aussi moins exagérée que celle des habitants des pays tropicaux. Il en résulte qu'au contraire de ces derniers, il reçoit les impressions plus faibles, plus lentes, plus isolées ; mais aussi il les retient profondément. De là un raisonnement plus parfait et des déterminations plus durables. La volonté devient plus puissante, le sentiment de l'individu plus prononcé, l'homme se concentre pour ainsi dire en lui-même, et peut se soustraire facilement à l'action des agents extérieurs. C'est ce qui faisait dire à Pascal : « Mon humeur ne dépend pas du temps ; mon brouillard et mon soleil sont au dedans de moi. »

Ces différences qui existent entre les divers peuples, existent également mais à un degré moins prononcé entre les individus d'un même pays, selon les tempéraments et les constitutions. En général, les personnes soumises d'ordinaire aux excitants extérieurs, celles dont les sens sont constamment mis en activité, ont une supériorité marquée dans tous les travaux de l'esprit qui tiennent de l'imagination. On dirait au contraire que les méditations profondes excluent toute excitation étrangère. La musique, les parfums, tout ce qui plaît aux sens développent les facultés imaginatives, et agissant à l'excès peuvent même produire l'extase. Moleschott a eu raison en montrant l'influence de la lumière sur les idées, sur la rapidité avec laquelle elles se succèdent lorsqu'on se trouve dans un espace brillamment éclairé ; mais nous ajouterons que dans ce cas ce ne sont guère que les idées qui dépendent de l'imagination qui sont excitées et éveillées ; la pensée, la belle pensée scientifique, craint le bruit et recherche l'ombre ; lorsqu'elle daigne se laisser entrevoir, elle exige le calme et le silence ; il faut que le logis soit vide de toute rivale.

IV

Application de la théorie dynamique de la chaleur aux mouvements des éléments anatomiques en général et à la thérapeutique.

§ 1. *Influence de la chaleur sur la nutrition et le fonctionnement des éléments anatomiques.* — « Il semble, dit Bérard, que l'influence de la chaleur sur la vie soit écrite sur toute la surface du globe. » Les plantes ont besoin pour se développer de l'action de la chaleur, ou plutôt la vie végétale n'est qu'une transformation de la chaleur. Tout animal, si simple que soit son organisation, ne peut vivre sans chaleur; les œufs demeurent en hiver comme privés de vie, mais les premières influences de la saison suivante en déterminent l'éclosion. Les œufs des oiseaux ne reçoivent pendant l'incubation que l'influence de la chaleur et une température artificielle produit absolument le même effet. L'animal qui meurt faute de nourriture ne meurt point de faim, mais de froid (Chossat). Les aliments, les vêtements, les habitations n'ont qu'un seul but, celui de fournir de la chaleur ou d'empêcher l'action du froid (Bouchardat).

Or, la vie n'est que la manifestation de l'ensemble des propriétés inhérentes aux éléments anatomiques. « C'est aux éléments anatomiques seulement, comme l'a fait remarquer Bichat, et non aux tissus proprement dits et aux organes, que s'applique l'idée de vie. » (Robin.) Il est donc naturel de rechercher si l'influence de la chaleur sur la vie en général n'a pas pour cause l'influence qu'elle exerce sur les différents éléments anatomiques.

Il y a pour les éléments anatomiques deux espèces de mouvement; l'un qui n'appartient qu'à certaines cellules, comme les cellules vibratiles, et qui constitue un mouvement de totalité visible à l'aide du microscope. L'autre appartient à tous les éléments; c'est le mouvement moléculaire nécessaire à la nutrition de toute substance organisée. Le premier de ces mouvements est un mouvement de translation, le second se passe dans le sein même de tout élément anatomique, et résulte des échanges continus des principes immédiats.

La chaleur et le froid exercent sur le premier de ces mouvements une action manifeste. Une cellule vibratile ou un spermatozoïde, placés sous le microscope, et possédant encore les mouvements qui leur sont propres, les ralentissent immédiatement ou même les perdent complétement, si l'on refroidit la plaque de verre sur laquelle ils sont placés. La chaleur au contraire augmente ces mouvements, et les restitue s'ils se sont arrêtés par l'action du froid. Cette expérience, facile à faire, ne souffre pas d'exception; elle montre d'une manière évidente que le froid agit directement sur les éléments anatomiques et en arrête les mouvements de totalité.

Mais les mouvements vibratoires de certaines cellules ne sont que la manifestation des propriétés inhérentes et spéciales à ces cellules. La cellule vibratile dont les cils cessent de se mouvoir, est morte, et l'expérience vient à l'appui de cette opinion. En effet, certaines substances colorantes, la fuchsine par exemple, n'ont pas le pouvoir de colorer les cellules animales ou végétales aussi longtemps que l'action vitale se continue; mais ces cellules se colorent immédiatement dès qu'elles sont privées de vitalité. En mettant des cellules vibratiles en mouvement, en contact avec une solution de fuchsine, on remarque que celles qui sont colorées sont complétement privées de mouvement, et que celles dont les cils se meuvent encore sont incolores; mais qu'elles deviennent rouges dès que le mouvement des cils est arrêté. Le mouvement des cils est à la cellule vibratile ce que la contractilité est à la fibre musculaire, ce que l'innervation est à l'élément nerveux. Or nous voyons manifestement sur la cellule vibratile la chaleur augmenter la fonction et le froid la diminuer, et dans ces cas il faut remarquer de plus que la chaleur n'est point le résultat des actes moléculaires nutritifs, elle vient du dehors, elle agit en tant que chaleur; enlevez-la, et il n'y a plus d'actes, plus de fonctions, et si l'influence du froid se prolonge la matière organisée est morte.

Cet exemple nous prouve que la chaleur est nécessaire au fonctionnement de certains éléments, et qu'elle est la cause directe des phénomènes produits. Dans la graine, dans l'œuf, ce qui détermine le développement de l'ovule ce ne sont point primitivement les changements survenus dans l'intérieur de l'ovule, ou, en d'autres termes, la chaleur nécessaire aux actes qui vont s'effectuer n'est point le résultat de la combinaison des principes constituants; la chaleur vient du dehors, et par son action détermine les modifications ultérieures; elle est la cause première de l'activité de cette matière organisée, mais une fois la première impulsion donnée, l'organisme va de lui-même produire toute la chaleur dont il a besoin pour se nourrir et se développer.

Pour les végétaux cependant, il faut, pour que la vie s'entretienne, l'action continue du soleil, c'est-à-dire que la plante ne trouve pas en elle-même une force suffisante pour son développement; la chaleur extérieure se transforme constamment en vie végétale. L'animal au contraire produit, à l'aide des aliments qu'il ingère, la chaleur nécessaire à l'entretien de sa vie; il est à lui-même ce que la chaudière est pour les machines à feu, ce que le soleil est pour les plantes.

§ II. Il nous reste à considérer l'influence de la chaleur sur le mouvement moléculaire continu qui se fait dans tout élément anatomique, mouvement qui est la condition indispensable de la nutrition et par conséquent de la vie. Ici il est impossible de marquer un point de départ quelconque, car, nous l'avons déjà dit, la chaleur intérieure est si étroitement liée à l'exercice des fonctions qu'on ne peut déterminer si elle est cause ou effet; mais cette difficulté même nous montre que la chaleur devient à la fois cause et effet. La nutrition des éléments anatomiques, c'est-à-dire le mouvement moléculaire, l'échange continu des principes immédiats, sont impossibles sans la chaleur; mais à son tour la chaleur est le résultat des actes moléculaires nutritifs propres à la vie. Nous avons vu en effet que le froid empêche la fonction des cellules vibratiles, de la fibre musculaire, de l'élément nerveux; or la fonction ne peut avoir lieu qu'à la condition que la matière organisée qui constitue ces éléments se renouvelle sans cesse. Plus la nutrition est active, plus les propriétés des éléments sont manifestes et énergiques. Le froid empêche donc la nutrition ; mais si primitivement la nutrition languit, il n'y aura plus de chaleur produite; la nutrition est donc à son tour la source de la chaleur.

Il est donc évident que la chaleur doit être considérée comme le produit essentiel de la vitalité des éléments et comme la cause indispensable à l'exercice des fonctions. « C'est ici, dit Cabanis [1], l'un de ces nombreux exemples que l'économie animale présente et dans lesquels on voit les phénomènes s'entrelacer en quelque sorte et devenir tour à tour effet et cause, sans qu'il soit possible de démêler celui dont un ou plusieurs autres ne sont que la conséquence. Voilà ce qui fait dire à Hippocrate que la vie est un cercle où l'on ne peut trouver ni commencement ni fin. Car, ajoute-t-il, dans un cercle tous les points de la circonférence peuvent être fin ou commencement, et rien n'est plus propre à faire voir comment dans l'organisme toutes les parties sont liées entre elles ; comment dans les fonctions il n'en est point qui ne se supposent les unes les autres, et qui ne soient plus ou moins nécessaires à l'ordre du tout. »

Il est un autre point sur lequel nous voudrions insister longuement, si déjà ce mémoire ne nous paraissait trop étendu; nous voulons parler de l'influence de la composition des éléments anatomiques sur leur nutrition et leur fonctionnement, et de l'importance du groupement moléculaire sur les altérations qu'ils peuvent subir. Si nous nous reportons aux phénomènes physiques, nous y voyons que l'arrangement moléculaire joue un très-grand rôle et que deux corps par exemple peuvent avoir la même composition chimique et cependant différer beaucoup sous le rapport de leurs propriétés. A M. Robin revient l'honneur d'avoir introduit ces idées dans les sciences biologiques; il a montré que dans les substances organiques, les modifications isomériques étaient de la plus grande importance, et que les

---

[1] *Rapport du physique et du moral*, t. II, p. 234, édit. de 1815.

principes miasmatiques agissaient sur l'organisme en imprimant des changements de ce genre, c'est-à-dire en détruisant l'arrangement moléculaire normal.

Nous n'avons insisté jusqu'ici que sur les conditions dynamiques des phénomènes, et, pour mieux les étudier, nous avons été obligé de les isoler, et quelquefois de considérer les forces ou le mouvement presque comme des faits abstraits et comme indépendants de la constitution de la matière. Cependant nous sommes si convaincu que la composition de la matière est d'une importance capitale, que ce travail même pourrait se résumer en ces mots : Étant donné un mouvement, le phénomène sera différent selon la constitution de la molécule qui reçoit ou transmet ce mouvement. — La constitution matérielle joue le rôle principal, et du moment qu'une substance possède une composition différente d'une autre, jamais les phénomènes qui se produisent dans celles-ci ne pourront être identiques ; jamais une même force n'agira sous tous les rapports de la même façon sur un barreau de fer et sur un morceau de verre ; jamais les propriétés de la matière organique ne seront semblables aux propriétés de la matière inorganique, de même que dans la substance organisée, les propriétés seront différentes selon les principes immédiats qui y entrent et selon l'arrangement moléculaire.

§ III. *De l'action de la chaleur et du froid en thérapeutique.*

Si la chaleur a sur les phénomènes vitaux l'influence que nous venons de signaler, elle doit dans toutes les conditions faciliter les échanges nutritifs et augmenter les mouvements de rénovation moléculaire ; le froid devra au contraire agir d'une manière opposée. Ces deux actions devront se retrouver en pathologie et dans les quelques pages qui vont suivre, nous essayerons de voir si l'on peut donner l'explication rationnelle de l'emploi thérapeutique de ces deux agents et de quelques autres médicaments, d'après la théorie dynamique de la chaleur. Pour cela nous considérerons l'altération la plus fréquente, celle qui à elle seule domine toute la pathologie, nous voulons parler de l'inflammation.

L'inflammation résulte, avons-nous dit, de la stase et de l'arrêt du sang dans les capillaires ; si l'accumulation des globules n'est pas encore trop considérable, si, comme cela a lieu pendant la congestion, le sang n'a pas encore perdu tout mouvement dans les vaisseaux, la chaleur portée en ce point aura pour résultat d'augmenter ce mouvement et de séparer les globules les uns des autres, et il pourra se faire qu'au bout de peu de temps tous les capillaires seront dégorgés, c'est-à-dire que les globules qui y étaient arrêtés auront été entraînés, et que tous les obstacles à la circulation seront, par cela même, enlevés. Donc, au moment de la congestion, la chaleur pourra quelquefois empêcher les phénomènes ultérieurs de l'inflammation. Mais si les globules sont entassés en grande quantité dans les capillaires, si tout mouvement du sang a cessé, la chaleur sera impuissante à rétablir la circulation, et, tout au contraire, elle contribuera à augmenter les phénomènes inflammatoires. Car elle appelle vers ces parties une plus grande quantité de sang, ce qui produit naturellement une augmentation de rougeur et de tuméfaction ; la transsudation sera plus abondante, et les leucocytes plus nombreux. D'un autre côté, la formation des leucocytes se fera plus promptement, car les globules du pus, comme toute espèce d'élément anatomique, ont besoin pour se produire de principes nutritifs, et plus ces principes seront abondants, plus les leucocytes seront nombreux, et ils se formeront d'autant plus vite que le mouvement moléculaire peut se faire plus rapidement. Or, ce sont justement là les conséquences de l'action de la chaleur, car elle détermine l'afflux du sang, et donne aux molécules un mouvement plus rapide et plus énergique. La chaleur hâtera donc la terminaison de l'inflammation, et si aucun autre agent n'intervient cette terminaison aura toujours lieu par suppuration.

On emploie tous les jours la chaleur pour hâter la suppuration des engorgements et des inflammations aiguës; le cataplasme emprunte son action à l'eau et à la chaleur, c'est-à-dire aux deux conditions essentielles de toute vitalité.

Le froid, au contraire, empêchera le sang d'arriver vers les parties enflammées; la tuméfaction et l'exsudation, par conséquent, seront peu abondantes; la formation des leucocytes sera empêchée, car le froid arrête tout mouvement moléculaire. De plus, les actions réflexes ne pourront avoir lieu, et, par suite, ils ne pourront plus exercer une influence fâcheuse sur la santé générale, car les nerfs qui se trouvent au voisinage des parties enflammées ne transmettront plus les impressions aux centres nerveux. Aussi le froid est un des agents les plus puissants pour combattre les inflammations et empêcher les suppurations. On l'a même employé récemment avec succès contre la pneumonie, le rhumatisme articulaire, etc. Seulement, son action doit être prolongée assez longtemps, tout au moins le temps nécessaire pour que les globules, entassés dans les capillaires, se soient dissociés ou soient rentrés dans la circulation générale.

§ IV. *Action thérapeutique de la saignée.* — Dans l'inflammation, avons-nous dit, les causes de chaleur sont : l'obstacle créé par les globules arrêtés dans les capillaires et contre lesquels le sang vient se heurter (de ce choc résulte à chaque instant la transformation en chaleur d'une certaine quantité de mouvement); en second lieu, le sang qui reste stagnant et amassé au-dessus de ces capillaires et qui ne cesse pas pour cela de fournir de la chaleur, car les oxydations des principes qu'il renferme continuent à se faire. Donc, pour ces deux causes, il se formera d'autant plus de chaleur que le sang arrivera en plus grande quantité, donc aussi les saignées générales, et surtout les saignées locales, diminuant la quantité de sang qui arrive dans les parties enflammées, diminueront par cela même la chaleur de ces parties, rendront la tuméfaction moins forte et les principes immédiats nécessaires à la production des globules de pus moins abondants. Les émissions sanguines sont donc un puissant moyen antiphlogistique, et nous avons vu, dans le service de M. Bouillaud, des malades atteints de pneumonie, de pleurésie, de rhumatisme articulaire, être soulagés instantanément à la suite du traitement suivi par l'illustre professeur de la Charité. La réaction qui s'est faite contre Broussais n'a-t-elle pas, comme toutes les réactions, dépassé le but? Quel est, d'ailleurs, le traitement ou l'agent thérapeutique qui n'ait des inconvénients, et qui ne doive être employé que d'après certaines règles et dans certaines conditions?

§ V. *Action thérapeutique des acides et des bases.* — Nous avons vu la chaleur augmenter les mouvements des cellules douées de mouvements propres, et le froid diminuer ou arrêter ces mouvements ; les bases agissent de la même manière que la chaleur, et les acides de la même manière que le froid. En plaçant sous le microscope des cellules vibratiles ou des spermatozoïdes, on voit les solutions d'ammoniaque, de soude, de potasse, augmenter les mouvements de ces éléments anatomiques ; les acides étendus, sans exception, les arrêtent presque brusquement. De ce fait, nous sommes peut-être en droit de conclure que les bases agissent sur la substance organisée de la même manière que la chaleur, c'est-à-dire qu'elles augmentent les échanges des principes nutritifs, et par conséquent la vitalité des organes, que les acides, au contraire, entravent l'exercice des différentes fonctions.

Et en effet, le rapprochement au point de vue thérapeutique, des bases et de la chaleur, des acides et du froid, nous paraît des plus légitimes.

La chaleur augmente la vitesse de la circulation, les bases ont la même action.

La chaleur augmente les sécrétions; les bases agissent de même. M. Cl. Bernard a vu que le bicarbonate de soude, introduit dans l'estomac d'un chien, augmentait la sécrétion du suc gastrique. Il n'y a pas là, croyons-nous, un appel d'un acide par une base, comme cela a été dit; mais le carbonate de soude agit ici comme la chaleur en facilitant les mouvements moléculaires, les échanges nutritifs et, par suite, en exagérant le fonctionnement des glandes chargées de la production du suc gastrique. La sécrétion urinaire est augmentée par la chaleur et les alcalis.

La chaleur favorise les hémorrhagies ; il en est de même des alcalis.

La chaleur, comme les alcalis, favorise l'absorption et les dégorgements.

La chaleur, comme les alcalis, excite le système nerveux et exagère la sensibilité.

La chaleur et les alcalis favorisent la décomposition et la putréfaction des matières organiques. Or, la putréfaction nécessite des transformations moléculaires, des échanges rapides et continus des différents principes en contact, et c'est pour cela que les agents qui favorisent la vitalité de la substance organisée, en facilitent également la décomposition.

Au contraire, le froid, comme les acides, ralentit la circulation.

Leur action sur les sécrétions est identique ; ils les ralentissent tous deux.

Ils empêchent l'absorption, ils arrêtent les hémorrhagies, ils amoindrissent la sensibilité, ils retardent la putréfaction des matières organiques.

Étant donnée une inflammation, les boissons acides empêcheront en partie l'arrivée du sang, et les lotions acides entraveront la formation des globules du pus. Les alcalis, au contraire, détermineront une circulation plus rapide, ils augmenteront l'énergie des transformations moléculaires et, par conséquent, en même temps qu'ils rendront les capillaires perméables plus rapidement, ils favoriseront la naissance des leucocytes.

Aussi les boissons acides sont recherchées en été pour contrebalancer l'excès de la chaleur, et, dans les pays froids, les alcalis jouent le principal rôle en thérapeutique. La magnésie, en Angleterre, est presque devenue un condiment.

Peut-être, dans les traitements par le froid et par la chaleur, se trouverait-on bien de l'association au froid des boissons acides, et à la chaleur des boissons alcalines ?

Quoi qu'il en soit, les personnes qui se réchauffent difficilement, celles chez qui la nutrition et les échanges moléculaires languissent, se louent de l'emploi des alcalins. L'enfant et le vieillard redoutent les acides. L'enfant surtout, qui a tellement besoin de chaleur qu'une température élevée ambiante est pour lui une condition aussi indispensable à la vie que la nutrition ; qui s'affaiblit et meurt pour peu que le milieu dans lequel il se trouve ne soit point suffisamment chaud ; qui, sous l'impression du froid, contracte une maladie presque toujours mortelle, maladie propre à cet âge, le sclérème ; l'enfant, dis-je, a une tendance des plus prononcées à l'acidification des humeurs. Le muguet, si commun chez les enfants, est constitué par un parasite végétal qui ne peut se développer que dans des liquides acides. De plus, dans les dérangements du canal intestinal qui surviennent chez les nouveau-nés, le médicament le plus héroïque, celui qu'employait toujours M. Dubois, est un médicament alcalin, la magnésie.

Nous pourrions multiplier ces faits, mais nous croyons que ceux que nous venons de signaler suffisent pour montrer l'analogie d'action de la chaleur et des bases, du froid et des acides.

§ VI. *Action thérapeutique de l'alcool.* — L'alcool, lorsqu'il est ingéré, devient une des sources de la chaleur animale, il élève la température, car il augmente la fréquence et l'énergie des battements du cœur. A ce point de vue, l'alcool a une très-grande influence sur l'intensité des phénomènes vitaux. Mais il faut remarquer que cette influence n'a lieu que si l'alcool est ingéré et brûlé ; à l'extérieur ou même s'il est ingéré en trop grande quantité pour être brûlé complétement, il devient un des agents les plus actifs pour empêcher les actes qui dépendent de la vie.

Il ne peut se développer dans les liquides qui renferment suffisamment d'alcool, ni infusoires ni aucune espèce de substance organisée vivante. Non-seulement il empêche le développement des végétaux ou des animaux, mais il tue tous les êtres vivants avec lesquels il est mis en contact.

La cirrhose du foie n'a pas d'autre cause que l'abus de liqueurs alcooliques, et il est probable que cette atrophie est due à l'influence directe et anti-vitale de l'alcool ; car, avant d'être entraîné dans le torrent circulatoire et d'être brûlé, l'alcool passe dans la veine porte à l'état ordinaire et agit, par conséquent, sur les éléments qu'il traverse, en empêchant leur nutrition et leur fonctionnement.

Ingéré en petite quantité, l'alcool excite toutes les fonctions ; les excrétions augmentent, la contraction et l'innervation s'exercent avec énergie, car la chaleur est développée en grande quantité ; les idées se pressent en foule, l'imagination devient plus vive, les sensations plus délicates. Mais, pour peu que l'alcool ingéré ne puisse point être brûlé immédiatement, son action antivitale réapparaît avec évidence ; alors la sensibilité s'éteint, les idées deviennent incohérentes, la mémoire disparaît, les muscles ne peuvent plus soutenir le corps. Cette action de l'alcool, en tant qu'alcool, se manifeste directement sur le mouvement des cellules vibratiles, car, dans les expériences que nous avons faites à ce point de vue, nous avons toujours observé que l'alcool arrêtait les mouvements des cils des cellules vibratiles, ainsi que les mouvements des spermatozoïdes. Mais son action est surtout manifeste et rapide sur les mouvements des vibrions. Ayant laissé putréfier du sang et du pus, nous avons vu dans une goutte de ces liquides des milliers de vibrions se mouvoir dans tous les sens avec une rapidité extrême, mais s'arrêter immédiatement et pour toujours dès qu'on y mélange un peu d'alcool. L'acide phénique, l'essence de térébenthine, les acides sulfurique, azotique, acétique, etc., ont la même action sur ces infusoires.

On sait d'ailleurs que l'alcool empêche la putréfaction des matières organiques, c'est-à-dire qu'il empêche les mouvements moléculaires nécessaires à la décomposition de ces substances.

Cette action de l'alcool s'exerce également sur la suppuration des plaies, car, arrêtant tout mouvement moléculaire, il empêche la formation des leucocytes, et de plus, il tue les vibrions qui pourraient se former et par conséquent il s'oppose à la suppuration et à l'infection purulente ?

Peut-être agit-il de la même façon dans l'emploi récent qu'on en a fait dans la pneumonie (Behier), et dans ce cas, son action consisterait à arrêter ou à modérer dans le tissu pulmonaire les formations fibrineuses et la naissance des leucocytes, c'est-à-dire les altérations pathologiques de la pneumonie.

§ VII. L'action des vomitifs s'explique également en partie par les considérations précédentes. Nous avons vu, en effet, que toute contraction musculaire employait, transformait une partie de la chaleur de l'organisme. Donc, dans les cas de fièvre ou dans d'autres conditions, lorsque la chaleur est en excès et devient une des causes des phénomènes pathologiques, il est évident que plus on pourra ravir d'une manière ou d'une autre de cet excès de chaleur, plus l'organisme tendra à reprendre son état normal. Les vomitifs déterminant la contraction énergique de plusieurs muscles, servent donc à faire disparaître une partie de la chaleur en excès.

Les mouvements musculaires déterminés par un travail externe ont la même action sur la chaleur développée dans l'organisme, et de fait la gymnastique ou des travaux manuels font disparaître quelquefois des indispositions peu graves. La médecine des Chinois consiste surtout dans des exercices musculaires prolongés, et dans des positions diverses des membres qui toutes nécessitent des contractions énergiques.

A côté de ces différents remèdes ayant une action générale sur tous les éléments anatomiques, il en est d'autres qui ont une action spéciale sur tel ou tel élément. C'est ainsi que nous avons déjà relaté ailleurs [1] une expérience qui montre l'influence directe de la digitale sur le cœur. Tout récemment, en cherchant l'action de différents corps sur les mouvements des cellules vibratiles, nous avons vu l'iodure de potassium, qui n'a qu'une influence peu marquée sur les mouvements des vibrions ou des spermatozoïdes, arrêter plus rapidement que l'alcool même ou qu'un acide les mouvements des cellules vibratiles. Cette propriété nous paraît expliquer fort bien les bronchites légères que détermine presque toujours l'emploi de l'iodure de potassium.

D'autres substances agissent également d'une manière directe et spéciale sur certains éléments anatomiques. C'est ainsi que la morphine appliquée directement sur un nerf mis à nu empêche en partie la transmission des excitations nerveuses, et que la strychnine, dans les mêmes conditions, augmente au contraire cette transmission. De nouvelles expériences nous permettront peut-être de revenir sur ces faits et de mieux en déterminer la valeur thérapeutique.

Persuadé, comme l'a si bien établi Auguste Comte, que les sciences physiques sont fondamentales par rapport aux sciences biologiques, et par conséquent que les découvertes dans les sciences physiques deviennent tôt ou tard un progrès pour les sciences de la vie, nous avons essayé d'introduire en médecine les principes de la théorie dynamique de la chaleur. En faisant cette tentative, nous n'avons eu pour ainsi dire comme guide que notre foi sincère dans la plus féconde et la plus belle des découvertes modernes. Sans nul doute, nous nous sommes quelquefois laissé entraîner à donner des faits physiologiques et pathologiques une explication prématurée ou peut-être

[1] E. Onimus. *Études critiques et expérimentales sur l'occlusion des orifices auriculo-ventriculaires.* (*Journal de l'Anatomie et de la Physiologie*, de M. Ch. Robin, juillet 1865, p. 374.)

erronée; mais notre excuse se trouve dans notre enthousiasme même et dans les difficultés d'un pareil sujet. Si ces difficultés sont grandes, elles ne sont cependant pas insurmontables; un premier effort peut échouer, mais d'autres seront plus heureux. Ce que Rumford, un des premiers qui ait pressenti la loi de corrélation des forces, écrivait le siècle dernier, en parlant de la nature de la chaleur dans les sciences physiques, peut se dire aujourd'hui de la chaleur animale. « Lors même que le mécanisme de la chaleur serait l'un de ces mystères de la nature qu'il n'est point donné à l'intelligence humaine de pénétrer, il n'y aurait pas là de quoi nous décourager, ni même de quoi diminuer notre ardeur dans l'étude des lois qui régissent les phénomènes naturels. Il est vrai que lorsque l'ambition nous conduit trop avant dans ces recherches, nous entrons dans cette brume épaisse qui borne de toutes parts l'horizon humain; mais en dedans de ces limites, il reste encore de vastes et intéressantes contrées à parcourir [1]. »

L'esprit humain, en face des découvertes et des généralisations de la science moderne, « est sans cesse en contact avec un merveilleux qui ferait pâlir celui de Milton. Il est si grandiose et si sublime qu'il faut à celui qui s'y livre une certaine force de caractère pour se préserver de l'éblouissement [2]. » Les vents, les rivières, tous les phénomènes de la nature, comme tous ceux que l'homme peut provoquer, sont engendrés par une portion de l'énergie solaire. Un même rayon de soleil qui tombe sur notre globe donne naissance, avant de retourner sous forme de chaleur vers l'infini, à la rosée qui féconde, à la fleur avec ses parfums et ses brillantes couleurs, à l'arbre qui aujourd'hui purifie l'air de l'acide carbonique, et qui demain fera

---

1 *Essais politiques, économiques et philosophiques*, par Benjamin Rumford. An VII, t. II, p. 518. Genève.

2 Tyndall, *loc. cit.*

marcher nos usines ou nous permettra de résister aux intempéries de l'air. Oui, tout cela a sa même source, comme aussi toutes les manifestations de la civilisation humaine, la force qui me permet de me mouvoir et de sentir, le sang qui circule dans mes veines, les mouvements de mon bras qui dans ce moment conduisent ma plume, la pensée que j'essaie de rendre, et jusqu'au plaisir que j'éprouve de pouvoir résumer ce travail par ces paroles que j'emprunte à la thèse inaugurale de mon père : « La transformation est partout, l'anéantissement nulle part. Dans la nature organisée comme dans le monde physique, dans les corps vivants comme dans ceux qui sont frappés de mort, il y a mouvement perpétuel; le repos absolu n'existe point, tout se transforme et du sein de la poussière s'élève continuellement une nouvelle vie. »

BIBLIOTHEQUE NATIONALE DE FRANCE
3 7531 03287735 0

www.ingramcontent.com/pod-product-compliance
Ingram Content Group UK Ltd.
Pitfield, Milton Keynes, MK11 3LW, UK
UKHW020357230726
13925UKWH00003B/1160